과학이 숨어 있는 바다의 미술관, 갯벌

Tidal flat, an art gallery of the sea where science is hidden

과학으로 보는 바다 09

과학이 숨어 있는 바다의 미술관, 갯벌

초판 1쇄 발행 | 2020년 10월 23일

지은이 | 최현우 · 조홍연
펴낸이 | 이원중

펴낸곳 | 지성사 **출판등록일** | 1993년 12월 9일 등록번호 제10-916호
주소 | (03458) 서울시 은평구 진흥로 68 정안빌딩 2층(북측)
전화 | (02) 335-5494 **팩스** | (02) 335-5496
홈페이지 | www.jisungsa.co.kr **이메일** | jisungsa@hanmail.net

ISBN 978-89-7889-451-7 (04400)
978-89-7889-269-8 (세트)
잘못된 책은 바꾸어드립니다. 책값은 뒤표지에 있습니다.

〈과학으로 보는 바다〉 시리즈는
한국해양과학기술원의 주요 연구 사업에 대한 과학기술적 성과와 연구 과정을 담은 생생한 사진을
청소년은 물론 일반 독자들과 나누기 위하여 한국해양과학기술원에서 기획한 과학 교양도서입니다.
한국해양과학기술원 홈페이지 www.kiost.ac.kr

이 도서의 국립중앙도서관 출판예정도서목록(CIP)은 서지정보유통지원시스템 홈페이지(http://seoji.nl.go.kr)와
국가자료공동목록시스템(http://www.nl.go.kr/kolisnet)에서 이용하실 수 있습니다. (CIP제어번호:CIP2020042102)

과학이 숨어 있는 바다의 미술관, 갯벌

최현우 · 조홍연 지음

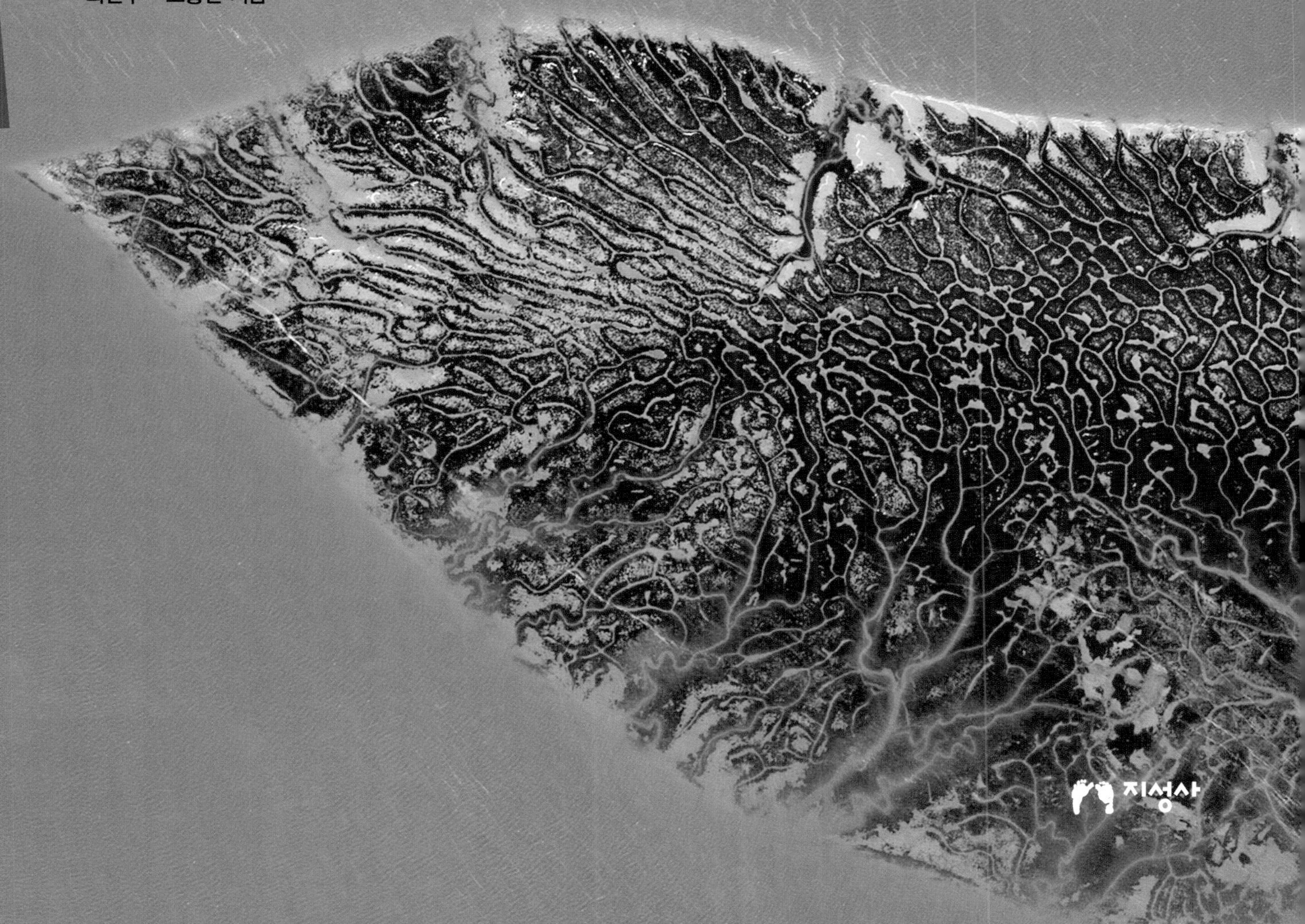

지성사

여는 글

세계 5대 갯벌 중 하나인 우리나라 갯벌을 과학과 예술이 만나는 공간으로 소개하고자 한다. 갯벌은 모래와 펄이라는 거칠기가 각기 다른 캔버스에 바닷말류(해조류), 염생식물, 빛 등 다양한 색깔의 물감을 재료로 밀물과 썰물 그리고 바람 붓으로 쉬지 않고 그림을 그려낸다. 바닷물이 들고 나가면서 만들어 낸 갯골의 주요 형상은 나무 모양이며, 이외에도 다양한 형태를 보이고 있다.

갯벌은 실제 크기가 수백에서 수천 미터에 이르는 거대한 그림이 전시되어 있는 '바다의 미술관'인 셈이다. 예술 작품으로 갯벌을 들여다보면 '왜?'라는 질문이 있게 마련이고 이에 대한 과학적인 설명으로 감성과 지성의 조화를 경험하게 한다. 갯벌의 형태를 하늘에서 보면 하나의 예술 작품이 연상된다. 이러한 작품들은 인간의 힘이 아닌 자연적인 물리법칙과 생태계의 영향을 받아 탄생된다. 특히 갯벌을 형성하는 토사 입자와 그 위를 흐르는 바닷물의 영향을 받아 만들어진 작품이다. 이 화보에서는 다양하고 멋진 예술 작품과 그 안에 숨어 있는 복잡한 과학적인 유체운동 이론이 공존하는 갯벌을 소개하고자 한다.

밀물과 썰물(조석)에 따라 들고 나는 바닷물이 만들어 내는 물길인 갯골의 기본 형태는 나무와 같은 선이다. 나무의 기둥에서부터 하나 둘씩 갈라지는 가지는 나무 종류마다 그 형태가 각기 다른데 갯벌의 갯골 또한 이와 다를 바 없다. 나무는 가지가 하늘로 뻗어 솟구친 수직 구조의 형태라면, 바다의 갯골에 그려진 나무는 옆으로 뻗어나가는 수평 구조의 형태이다. 나무의 가지가 물을 공급하기에 최적의 망으로 구성되었듯이 갯골 또한 들고 나는 바닷물을 잘 안내하기 위해 만들어진 최적의 망이다. 갯골이 만들어 낸 나무 중에는 때론 육상에서 자라는 나무와는 전혀 다른 이색적인 형태를 보이기도 한다. 어느 화가가 한 번 그린 그림을 똑같이 다시 그리려 하겠는가? 자연 또한 같은 모양으로 그려 내지 않는다. 매 순간 갯벌에 그려진 그림은 시·공간적으로도 그 독창성이 돋보인다. 어찌 보면 갯벌은 거대한 그림이 전시되어 있는 '지상 최대의 미술관'인 셈이다. 자연은 갯벌에 봄, 여름, 가을, 겨울 등 사계의 모습과 다양한 풍경을 그려 내는 풍경화 전문가인 듯하다. 또한 자연의 세계에서 자라는 여러 모양을 지닌 상상의 나무도 그려 내며, 동물과 사람의 모습을 그려 넣기도 한다.

이러한 다양한 작품들을 선별하여 직감으로 떠오른 제목을 달았다. 그 후 되도록 절제된, 마치 시와 같은 짧은 문장으로 작가의 느낌을 독자들과 공감하고자 했다. 하지만 작품을 보는 이마다 각기 다른 느낌과 감동으로 다가올 수도 있을 것이다. 갯벌에서 발견한 다양한 작품은 항공촬영한 영상을 제공하는 카카오맵(https://map.kakao.com)에서 2008년부터 2013년까지의 영상을 발췌했다.

일반적으로 갯벌의 종류는 갯벌의 지질적인 구성 성분에 따라 펄 갯벌, 모래 갯벌, 혼성(펄, 모래, 자갈) 갯벌로 구분된다. 이러한 갯벌이 우리나라 바닷가에 2,393제곱킬로미터나 차지하고 있으며, 이는 우리나라 국토의 2.4퍼센트, 서울의 4배쯤에 해당된다. 또한 우리나라 서해 갯벌은 유럽 북해 연안 갯벌(북해 갯벌), 캐나다 동부 연안(해안) 갯벌, 미국 동부 조지아 연안 갯벌(동부 해안 갯벌), 아마존 하구 갯벌과 함께 세계 5대 갯벌 중 하나이다. 갯벌에는 갯벌의 종류에 따라 염분이 있는 곳에서 자라는 식물이 있는데 이를 염생식물이라 한다. 모래 갯벌에 사는 식물로는 지채, 칠면초, 갯질경, 천일사초, 방석나물, 가는갯는쟁이, 갯댑싸리, 흰명아주 등이 있다. 펄 갯벌에 사는 식물로는 갈대, 갯개미취, 퉁퉁마디, 해홍나물, 나문재, 비쑥, 큰비쑥, 갯개미자리, 꼬마부들, 산조풀, 모새달 등이 있다.

다음 그림은 전남 신안군 압해읍의 가란도에서 촬영한 지채와 칠면초이다. 가을에 접어들기 전이라 아직 초록빛을 띠고 있다.

지채와 칠면초는 가을이 되면 단풍처럼 붉은빛을 띤다. 인천 옹진군 영흥면의 영흥도 갯벌에서 10월에 촬영한 지채, 칠면초, 갯질경, 천일사초와 경기도 화성시 서신면 갯벌과 영흥도에서 촬영한 갈대와 갯개미취도 있다.

1 지채 군락(전남 가란도, 2014년 9월 20일)
2 지채(전남 가란도, 2014년 9월 20일)
3 칠면초(전남 가란도, 2014년 9월 20일)

1	
2	3

1 지채와 칠면초 군락
(인천 영흥도, 2014년 10월 11일)

2 지채(인천 영흥도, 2014년 10월 11일)

3 칠면초(인천 영흥도, 2014년 10월 11일)

4 갯질경(인천 영흥도, 2014년 10월 11일)

1 천일사초(인천 영흥도, 2014년 10월 11일)
2 갈대(경기도 화성, 2014년 10월)
3 갯개미취(인천 영흥도, 2014년 10월 13일)

1	
2	3

자연은 갯벌에 거대한 그림을 그려 내는데, 작품을 만들어 내는 요소로 화방용품과 연결하면 다음과 같다.

○ 캔버스 : 모래 갯벌, 펄 갯벌, 혼성 갯벌

○ 물감 : 햇빛, 눈, 염생식물, 해조류, 바닷물

○ 붓 : 밀물과 썰물, 바람

(그림 박정연, 2016년)

또한 다음과 같은 조건에 따라 그림은 다른 모양과 색을 띤다.

1. 항공사진 촬영 시기〔계절, 시간(태양 각도), 물때〕에 따라
2. 갯벌의 종류에 따라
3. 조류의 방향과 강약에 따라
4. 갯벌 해저 경사도에 따라
5. 갯벌에 서식하는 식물의 색깔〔염생식물 및 해조류(녹조류, 홍조류, 갈조류)의 서식, 크기, 성장(계절)에 따라 변하는 색깔(녹색, 빨강, 노랑, 밤색, 흰색)〕에 따라

1 인천 강화도 갯벌(2015년 12월 15일) | 1
2 전남 가란도 갯벌(2014년 10월 11일) | 2

차례

화랑 3. 나무를 키우다

화랑 4. 동물을 만나다

화랑 5. 인간을 비추다

| 화랑 1 |

사계를 품다

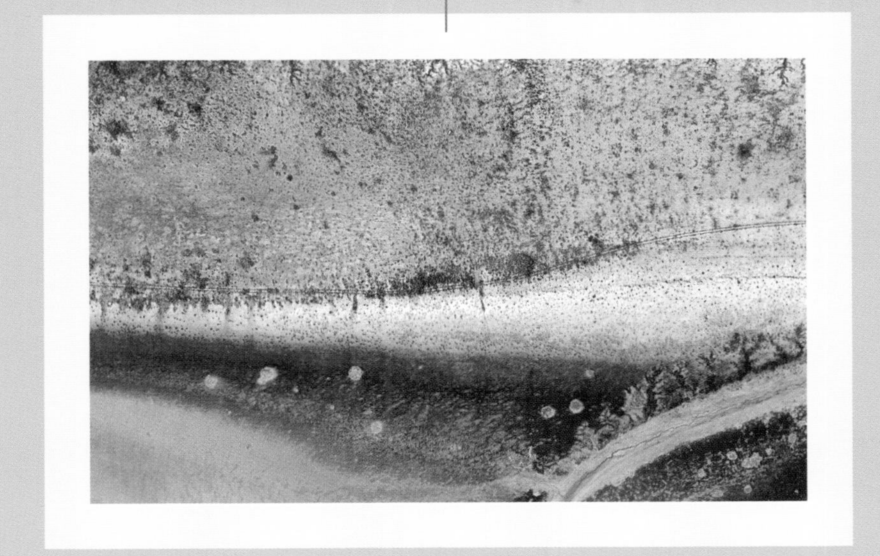

봄

봄소식 Spring news

얼마나 봄을 기다렸기에

잎보다 꽃을 먼저 피우나

하얀 면사포 쓰고

봄을 맞이하는

그대는 벚꽃나무

작품 크기: 183m×329m | 촬영 연도: 2009년 | 촬영 지역: 경기도 화성시 송산면 고정리 동쪽 0.6km(시화호 내) | 촬영 위치: 북위 37°15′10″, 동경 126°45′51″ | 영상 회전: 307도

시화호에 대하여

시화호(始華湖)는 시흥의 '시', 화성의 '화'를 따서 붙인 이름으로, 경기도 시흥시, 안산시, 화성시 등에 둘러싸인 인공 호수이다. 시화 방조제는 1987년 6월에 착공하여 1994년 1월에 최종 물막이 공사가 완료되었다. 방조제의 길이는 11.2킬로미터에 이른다.

〈봄소식〉은 2009년에 촬영된 시화호 유역의 영상으로, 방조제 물막이 공사가 완료되고 약 15년 후의 모습이다. 밀물과 썰물이 주기적으로 드나들 때마다 수로 역할을 맡았던 갯골이 그 기능을 다하고 모습을 감춘 자리에 염생식물*이 가득 차 있는 모습이다.

* 염생식물: 소금기가 많은 땅에서 자라는 식물

봄맞이 숲 Spring forest

겨울의 흔적을 하나 둘 지워가는 실개천 소리에 한껏 기지개 켜는 봄맞이 숲

작품 크기: 214m×341m | 촬영 연도: 2008년 | 촬영 지역: 인천광역시 중구 운서동(영종도) 스카이72GC 남동쪽 2.5km | 촬영 위치: 북위 37°25′28″, 동경 126°30′06″ | 영상 회전: 95도

빛의 반사로 결정되는 갯벌의 색깔

사람이 인지하는 모든 색깔은 물체가 흡수하는 색깔이 아니라 반사하는 색깔이다. 푸른 하늘과 바다는 바다와 하늘이 푸른색을 다른 색보다 많이 반사하기 때문에 푸른색으로 보인다. 여기서 조금만 더 과학적으로 살펴본다면, 우리가 보는 바다나 하늘의 색상이 매우 다양함을 알 수 있다.

저녁노을은 푸른색이 아니며, 갯벌에서 보는 바다는 보통 푸른색이 아니다. 눈에 보이는 색은 빛의 가시광선 영역으로 제한되어 있다. 여기에 빛의 유무에 따라 결정되는 무채색 영역, 흰색과 검은색으로 조합되는 회색 영역이 있다. 바로 갯벌의 색깔이다. 갯벌을 비추는 빛은 회절, 굴절, 반사 등의 영향을 받아 색이 결정되며, 그 색이 보는 사람의 시각세포에 전달된다.

빛은 밤낮에 따라 다르고, 태양의 각도에 따라 다르고, 계절에 따라 다르고, 구름으로 대표되는 날씨에 따라 다르고, 갯벌을 보는 각도에 따라 다른 형태와 다른 색깔을 보여 준다. 오늘 보는 이 갯벌의 이 색깔은 바로, 이 시간에만 존재하는 갯벌의 고유한 색깔이다.

〈봄맞이 숲〉에서 보여 주는 갯벌의 형태도 사진을 찍은 각도에서만 볼 수 있으며, 그 색상도 그 시점에서의 색깔이다. 같은 위치에서 같은 각도로 갯벌을 보더라도 물때에 따라 달리 보이기도 한다. 한번 시간 여유를 충분히 가지고 갯벌이 있는 바다에 가서 갯벌을 촬영해 보기를 바란다. 갯벌의 역동적인 변신을 체험할 수 있을 것이다.

갯벌의 색깔을 결정하는 기본적인 인자는 바로 갯벌을 구성하는 퇴적 물질의 색깔이다. 이 색깔을 기본으로 하면서 다양한 환경 변화에 따라 다른 모습으로 보인다. 이러한 시시각각의 색상 변화로 정적인 화랑에서 동적인 화랑으로 변화하는 모습은 마치 현대미술의 한 경향으로 보인다.

고향의 봄 Spring of magenta dreams

나지막한 언덕 위

성긴 나무 울타리

복숭아꽃으로 물들인

여기는 마음의 안식처

고향의 봄

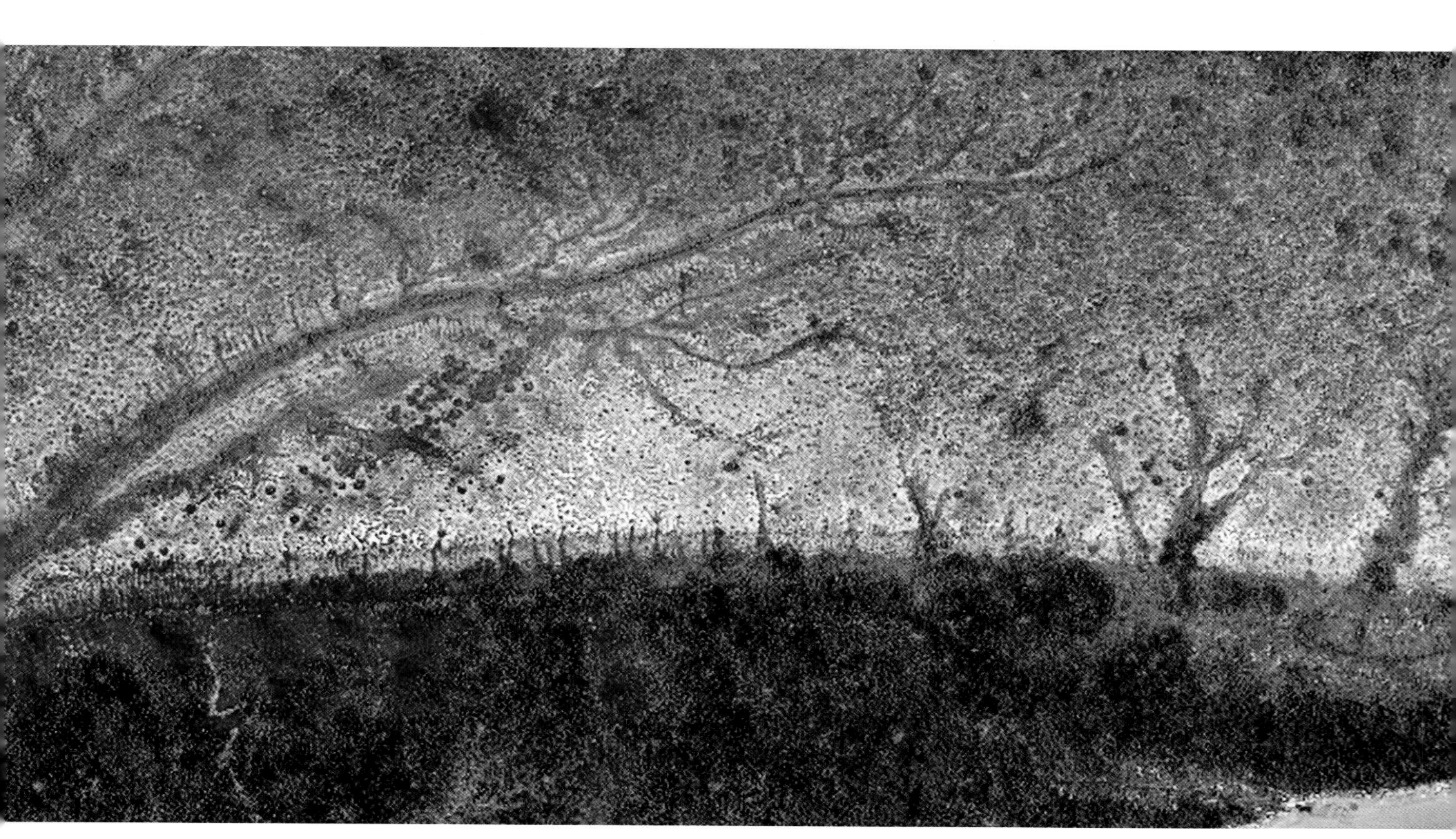

작품 크기: 199m×381m | 촬영 연도: 2009년 | 촬영 지역: 전북 군산시 회현면 증석리 남쪽 0.4km(새만금 만경강) | 촬영 위치: 북위 35°54′08″, 동경 126°47′32″ | 영상 회전: 0도

새만금에 대하여

'새만금'이란 전국 최대의 곡창지대인 만경평야와 김제평야가 합쳐져 새로운 땅이 생긴다는 뜻으로, 만경평야의 '만萬' 자와 김제평야의 '금金' 자를 따서 붙인 이름이다.

새만금 방조제는 1991년 11월에 착공하여 2006년 4월에 최종 물막이 공사가 완료되었다. 이후 2010년 4월, 착공 19년 만에 새만금 방조제가 준공되었다. 방조제의 길이는 부안군과 군산시를 잇는 33.9킬로미터에 이른다.

〈고향의 봄〉은 2009년에 촬영된 새만금 유역의 영상으로, 방조제 물막이 공사가 완료되고 약 3년 후 칠면초가 왕성하게 서식하던 시기다. 이후 2011년에 갯골의 모습은 사라지고 인공적인 수로공사가 진행되고 있음을 알 수 있다. 2018년에는 인공 구조물만 남게 되었다.

2011년 촬영 영상(새만금 유역)

2018년 촬영 영상(새만금 유역)

추억의 강가에서 By the river of memory

봄기운에 들뜬 청춘들을

말없이 품어 주는 강변 모래밭

조붓한 오솔길 따라 오고 간

통기타 청춘들의 추억은

강물에 투영되어 흔들리고…….

작품 크기: 264m x 718m | 촬영 연도: 2009년 | 촬영 지역: 전북 김제시 만경읍 화포리 주행산 서쪽 1.5km(새만금 만경강) | 촬영 위치: 북위 35°53′09″, 동경 126°47′09″ | 영상 회전: 40도

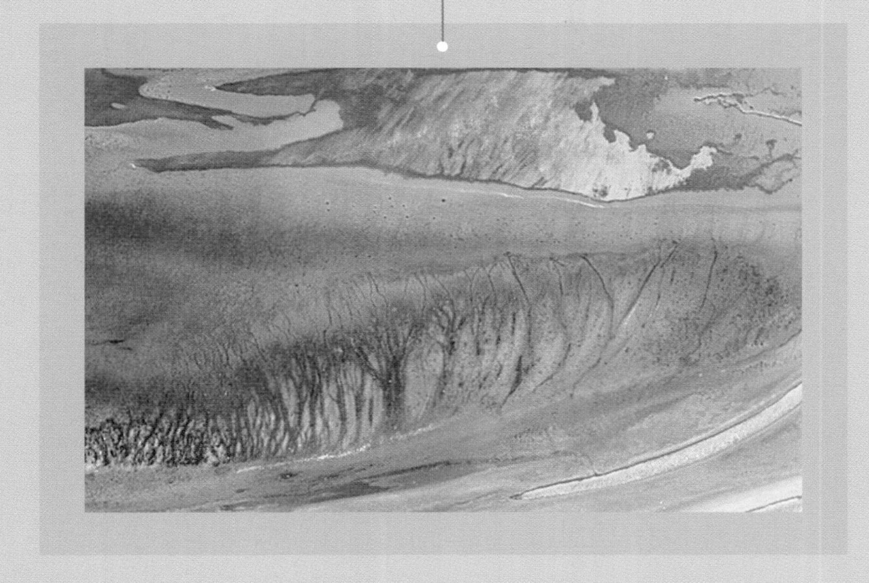

여름

물안개 A mist of water

산 넘고 강 건너 수풀 헤쳐
지나온 어릴 적 꿈은
어느덧
조용한 호수 위 물안개 되어
세월 속으로 흩어져 간다.

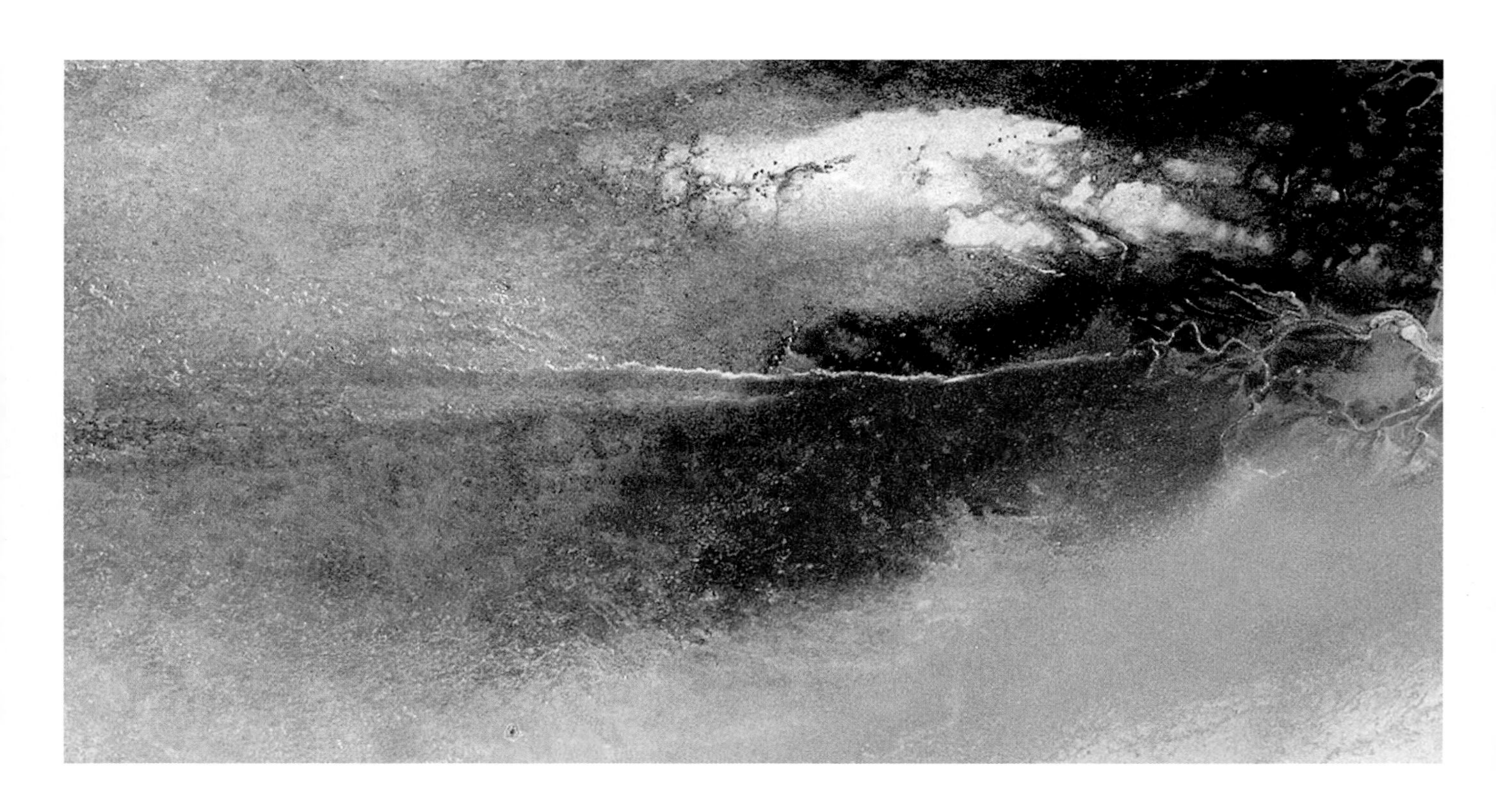

작품 크기: 237m×447m | 촬영 연도: 2009년 | 촬영 지역: 전북 김제시 진봉면 고사리 나성산 북동쪽 2km(새만금 만경강) | 촬영 위치: 북위 35°52′36″, 동경 126°45′23″ | 영상 회전: 353도

갯바위 Rocks on the seashore

거친 바다의 쉼 없는 대시
이를 부드럽게 돌려보내는
도도하고 멋스러운 신사, 갯바위

작품 크기: 237m×447m | 촬영 연도: 2012년 | 촬영 지역: 충남 보령시 웅천읍 소황리 장안해수욕장 서쪽 0.5km | 촬영 위치: 북위 36°12′13″, 동경 126°32′00″ | 영상 회전: 280도

여름의 영상 Image of Summer

힘차게 쏟아져 내리는
바위 계곡의 물줄기
이것이
여름의 소리
여름의 영상

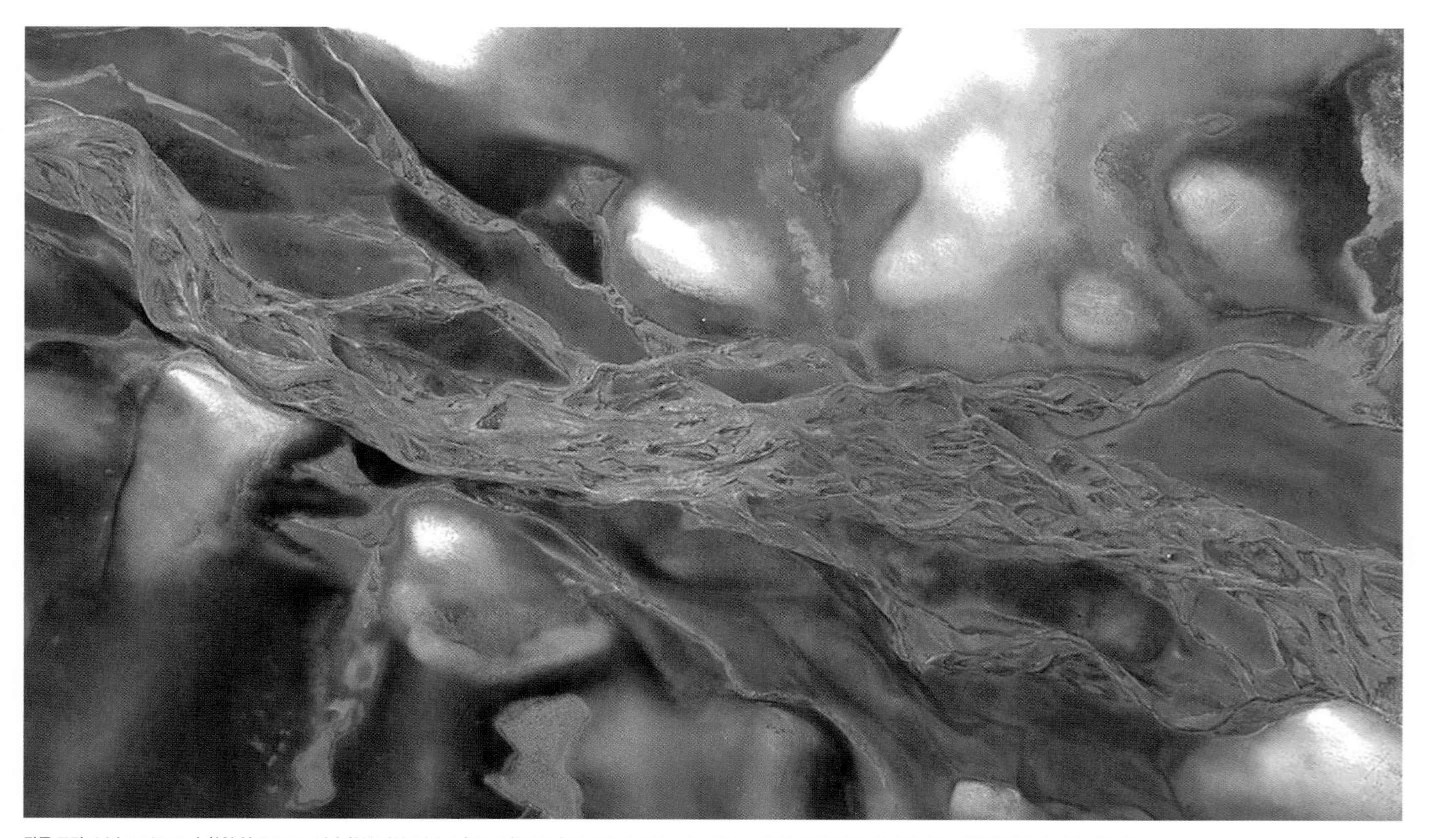

작품 크기: 246m×422m | 촬영 연도: 2009년 | 촬영 지역: 전북 고창군 상하면 장호리 해안 서쪽 0.3km | 촬영 위치: 북위 35°28′53″, 동경 126°27′32″ | 영상 회전: 175도

가을의 절제 Moderation of Autumn

짙은 단풍이

수줍게 뿌려진

가을의 절제

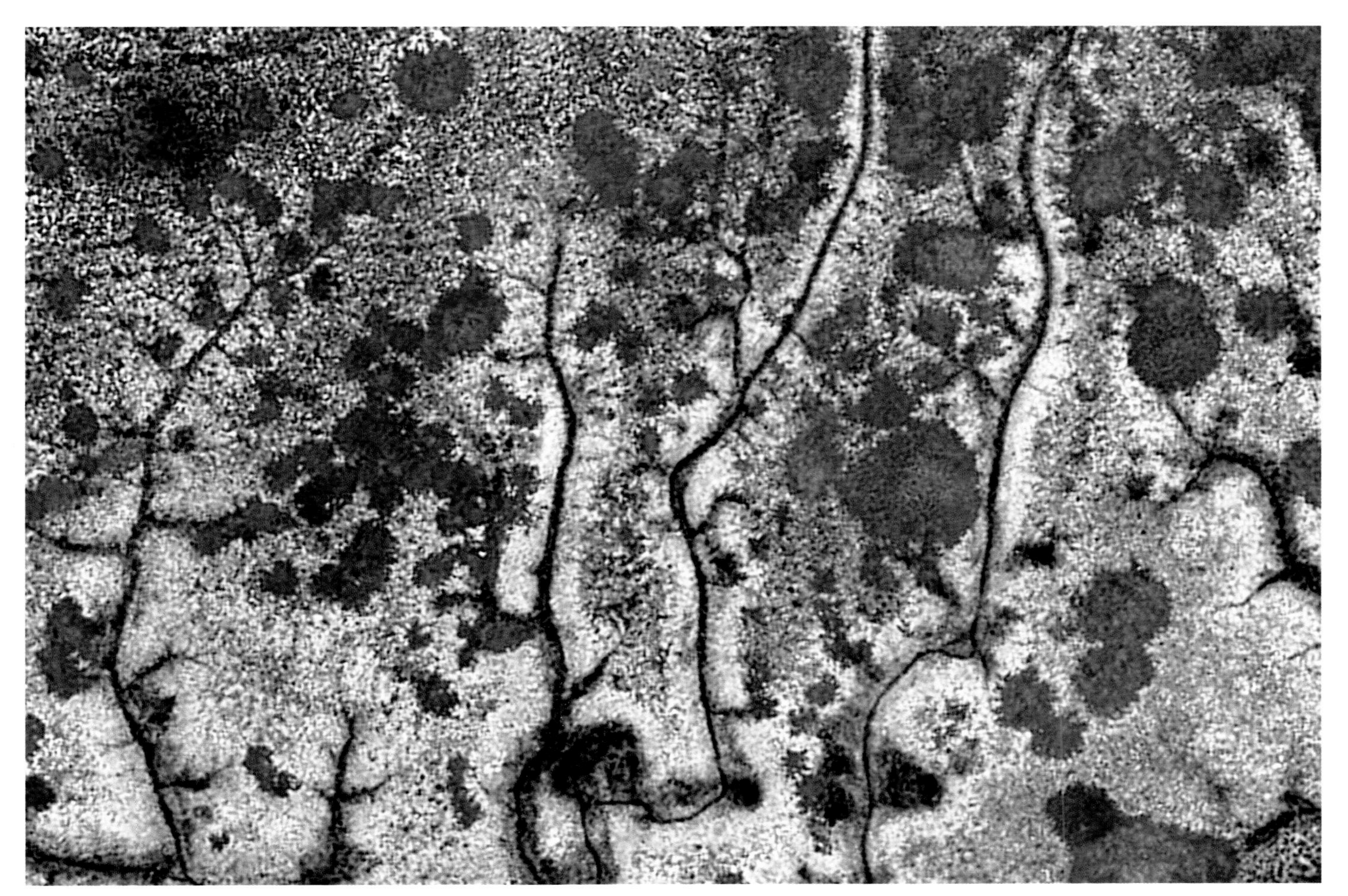

작품 크기: 171m×254m | 촬영 연도: 2009년 | 촬영 지역: 전북 김제시 죽산면 대창리 서쪽 0.5km(새만금 동진강) | 촬영 위치: 북위 35°47′39″, 동경 126°46′23″ | 영상 회전: 313도

만추(滿秋) Late Autumn

눈부신 가을 햇살 뒤로 어스름해진 저녁 하늘
늦가을 비를 따라 한 잎 두 잎
낙엽으로 써 내려가는 이별의 편지

작품 크기: 257m×259m | 촬영 연도: 2012년 | 촬영 지역: 전북 김제시 광활면 창제리 남서쪽 2.5km(새만금 동진강) | 촬영 위치: 북위 35°48′53″, 동경 126°41′52″ | 영상 회전: 32도

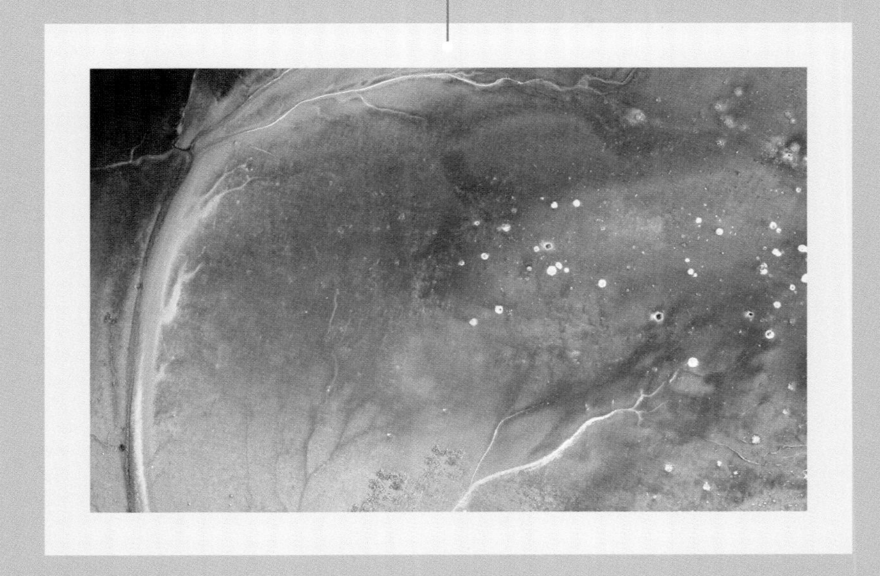

겨울

겨울 강가의 아침 Morning by the river in winter

어둠과 빛이 공존하는
겨울 강가의 아침
그 경계의 신비한 순간!

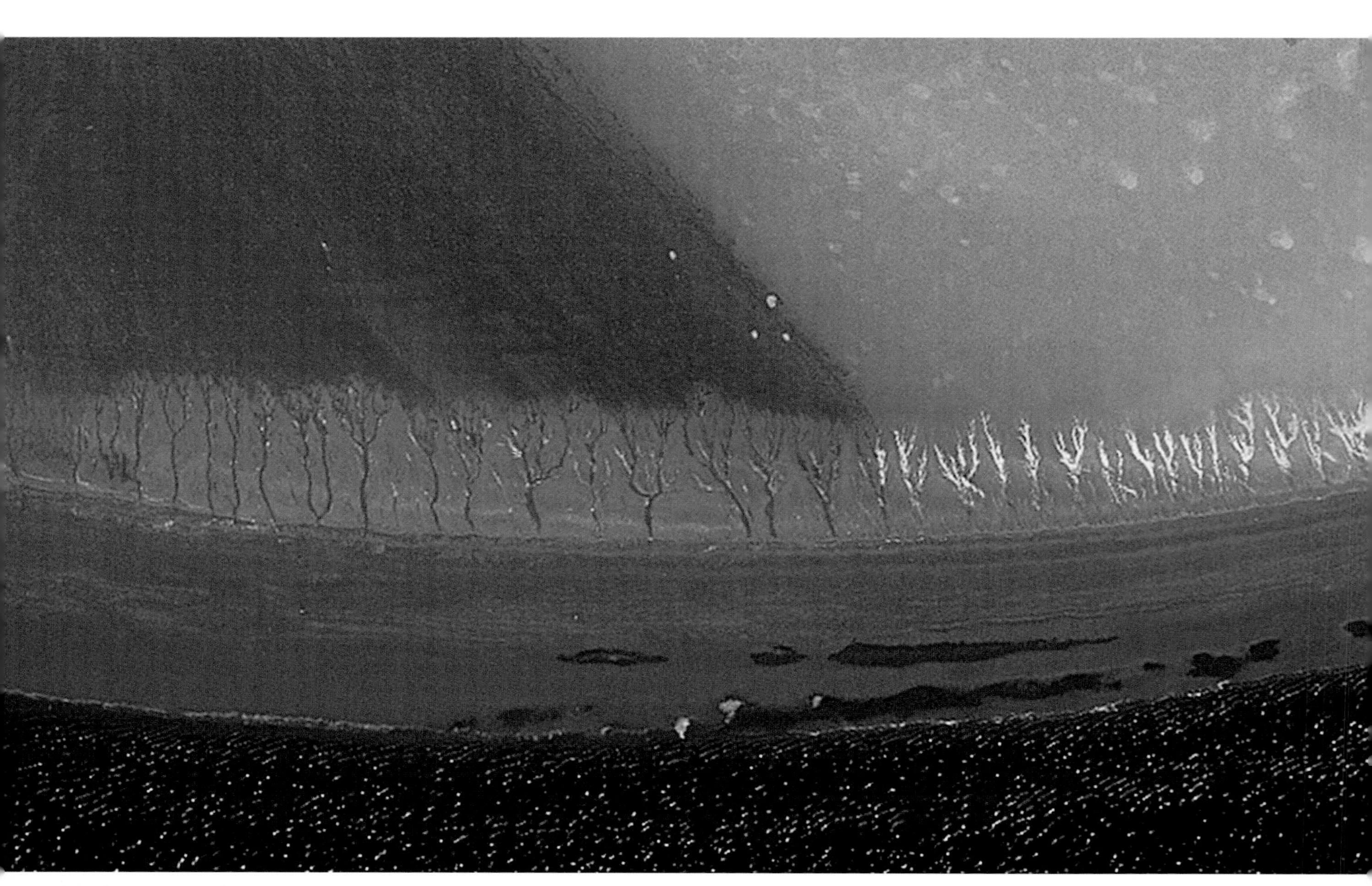

작품 크기: 186m×370m | 촬영 연도: 2012년 | 촬영 지역: 전북 김제시 진봉면 심포리 봉화산 서쪽 7.5km(새만금 내 모래언덕) | 촬영 위치: 북위 35°50′12″, 동경 126°36′14″ | 영상 회전: 348도

갯벌의 경사

〈겨울 강가의 아침〉을 보면, 특별한 모습이 없는 부분과 핏줄 같은 갯골이 형성된 부분이 뚜렷하게 구분되어 있음을 알 수 있다. 그 구분 경계는 급경사와 완경사의 경계가 된다. 완경사에서는 물이 천천히 흐르기 때문에 갯벌 모래 위로 흔적 없이 지나가지만, 급경사에서는 빠른 흐름으로 그 흔적, 갯골을 만들고, 작은 갯골이 불규칙하게 보이는 방향으로 이동하면서 합류하고, 좀 더 큰 갯골이 형성되어 더 큰 갯골에 합쳐지는 것을 볼 수 있다. 이 작품은 과학적으로 '경사와 갯벌 유속의 관계'를 설명하는 교육 교재이다. 여기의 과학적인 원리도 간단하다. 경사가 급할수록 흐름은 빠르고, 그 흐름이 어느 한계를 넘어서면 갯벌 토사가 움직이게 되고, 그로 인하여 물길이 만들어진다.

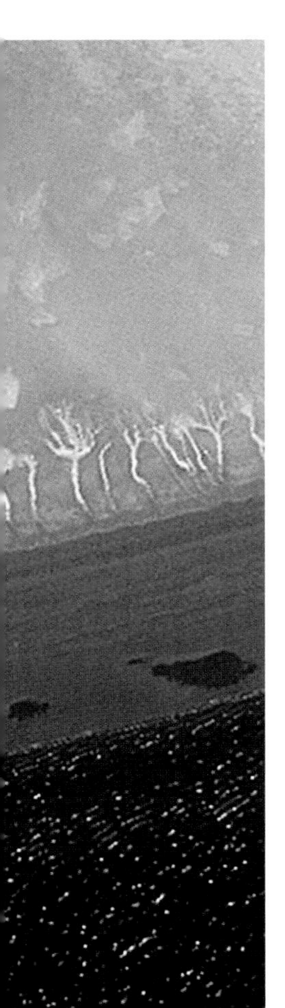

참고 **한계 소류력**(critical shear strength), **한계 유속**(critical shear velocity) _ 갯골에서 흐르는 물은 갯벌 바닥에 작용하는 흐름에 평행한 힘 성분이 바닥의 모래를 밀게 되는데, 이 힘이 바닥에 정지해 있는 모래를 움직일 수 있는 크기가 되면 모래가 물과 함께 움직인다. 움직이기 시작하는 이때의 힘과 유속을 각각 한계 소류력, 한계 유속이라고 한다.

■ 작은 바람에 일렁이는 물결이 햇빛에 강가의 흰 조약돌처럼 반짝이고, 새만금 방조제 내측에 쌓인 모래언덕과 펄 갯벌 사이에 만들어진 작은 갯골들이 마치 강가에 늘어선 나무들처럼 보인다. 모래언덕에서 물기 머금은 곳은 어둡게, 마른 곳은 하얗게 보임으로써 마치 아침 햇빛이 방금 도착하여 어둠이 걷히고 있는 찰나의 순간으로 보인다.

겨울 연가 Winter sonata

검푸른 밤하늘에 함박눈 품는 겨울 영상에
앙상한 나뭇가지가 시린 바람 이겨내는 겨울의 노래

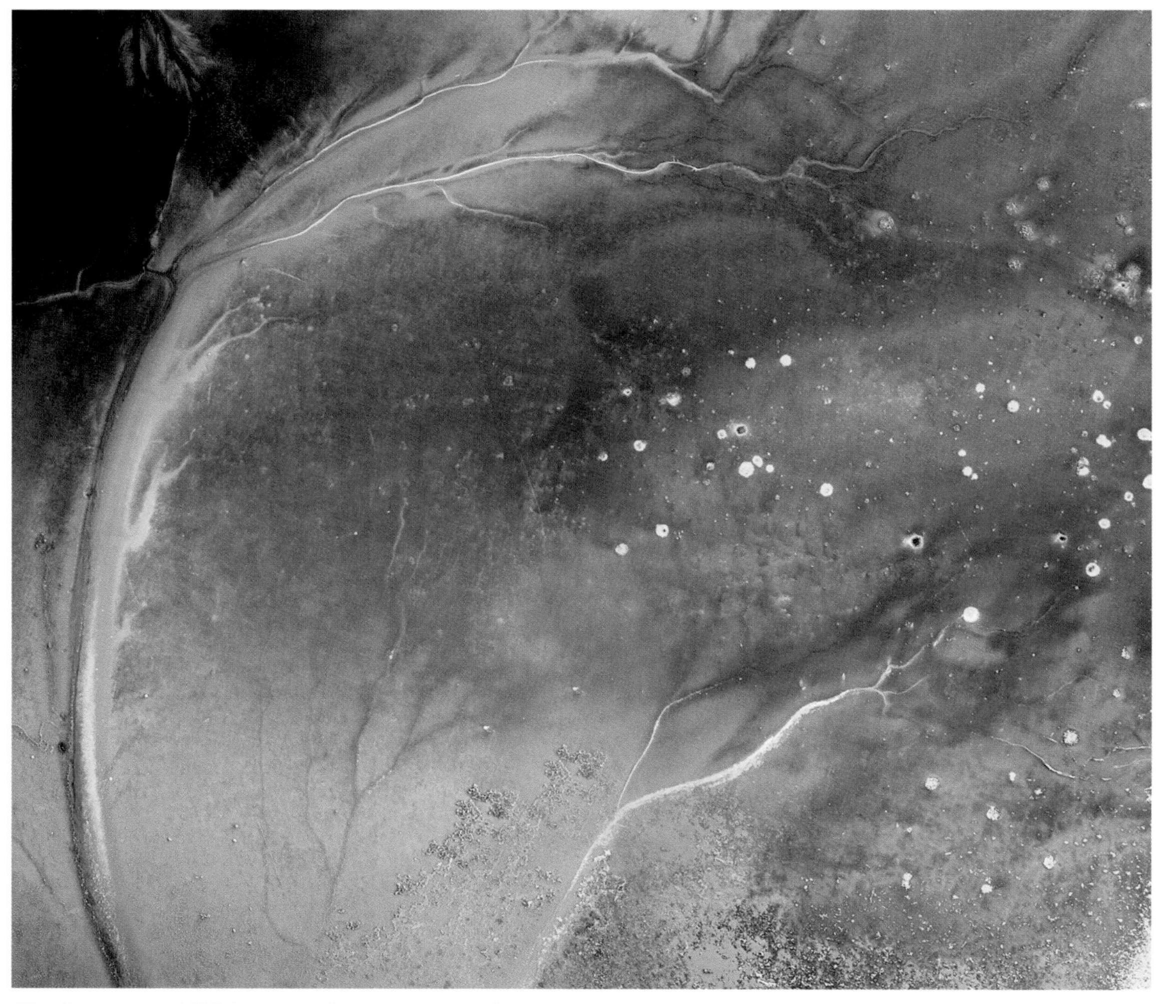

작품 크기: 577m×659m | 촬영 연도: 2011년 | 촬영 지역: 전북 군산시 회현면 금광리 남쪽 1.5km(새만금 만경강) | 촬영 위치: 북위 35°52′43″, 동경 126°45′41″ | 영상 회전: 184도

드러남 Exposure

초록 무성한 풍요로움에서는
너와 나 모두 하나의 산이 된다.
그러나
가릴 것 없는 시련 속에서는
깊이 감춰진 경계가 뚜렷해진다.

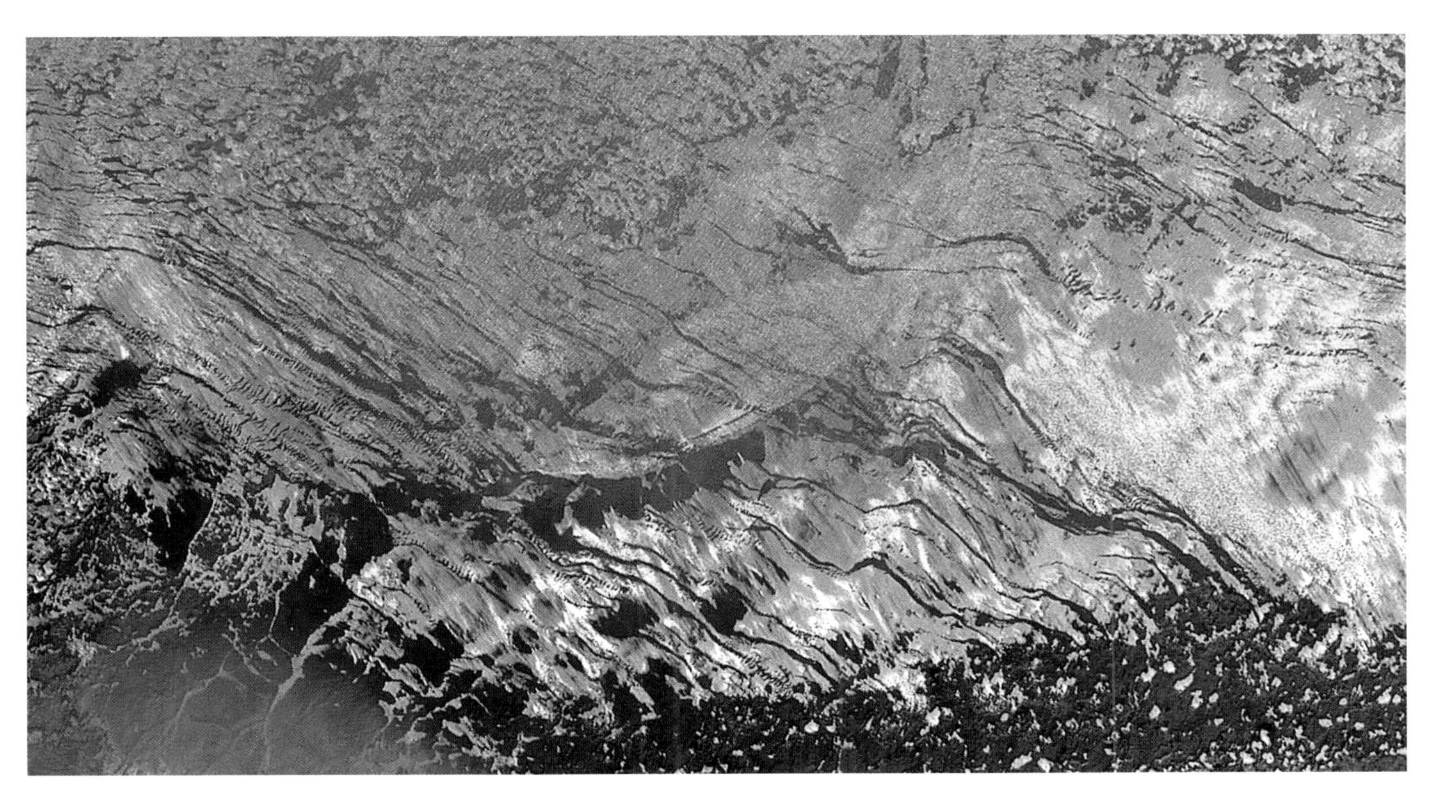

작품 크기: 245m×451m | 촬영 연도: 2011년 | 촬영 지역: 전남 영광군 백수읍 하사리 해안 서쪽 0.6km | 촬영 위치: 북위 35°16′04″, 동경 126°19′13″ | 영상 회전: 65도

겨울 달빛 소나타 Moonlight sonata in winter

언덕 너머 눈 덮인 갈대밭
겨울바람에 방향 잃은 나무
이를 감싸며 들려오는
겨울 달빛의 소나타

작품 크기: 473m×595m | 촬영 연도: 2011년 | 촬영 지역: 인천 중구 운북동 영종도 융복합레저단지 북동쪽 2km | 촬영 위치: 북위 37°32′44″, 동경 126°32′04″ | 영상 회전: 188도

〈겨울 달빛 소나타〉에서 보이는 나무 세 그루는 분명 펄 갯벌에 만들어진 움푹 들어간 갯골이다. 하지만 양각으로 보이는 부분은 갯골 중앙에 남아 있는 바닷물이 햇빛에 하얗게 반사되어 입체감 있게 보인다. 양각과 음각의 착시와 더불어 갯골이라는 이 물길은 굽이굽이 흐르는 모습과 주변에서 합류(나무로 볼 때 갈라져 나가는)되는 모습이 기하학적인 형태로는 동일하다. 줄기와 가지, 실핏줄과 동맥 · 정맥으로 대표되는 큰 핏줄, 개울 · 개천과 큰 물길이 되는 강은 기하학적으로 동일한 구조이다.

나무뿌리에서 흡수된 양분은 큰 줄기를 거쳐 작은 나뭇가지로 갈수록 적절하게 효율적으로 분배되어 전달된다. 그 전달되는 양분량은 가지의 크기에 비례하며, 그 규칙은 하천도, 갯골도, 핏줄도 방향 차이는 있지만 동일하게 적용된다. 즉, 그 크기에 따라 운반하는 물량이 달라진다. 작은 갯골이 큰 갯골이 되는 이유는 운반량이 증가함에 따라 흐름도 빨라지기 때문이다. 그리고 갯골이 구부러지는 이유는 갯골의 경사와 초기 갯골이 형성되는 시점에서 작은 갯벌 표면 흐름을 불규칙적으로 방해하는 장애물인 갯벌 토사 때문이다. 장애물을 밀고 갈 것인가? 장애물 옆으로 돌아갈 것인가? 그냥 피해 가는 것이 효율적이어서 피해 가다 보니 구불구불한 물길이 만들어지고, 이미 만들어진 물길을 다 같이 따라가다 보니 더 빨리 흘러가게 된다.

참고 **흐름과 마찰** _ 땅 위로 흘러가는 물은 바닥 마찰의 영향을 받는다. 바닥 마찰은 바닥이 거칠수록 늘어나고, 바닥에서 멀어질수록 줄어든다. 물은 깊을수록 작은 에너지로 많은 물을 운반할 수 있다. 많은 물을 효율적으로 운반하기 위해서는 여러 개의 작은 갯골보다는 큰 갯골 하나가 효율적이다. 그러나 운반할 물이 적은 경우에는 작은 갯골이면 충분하다. 처음에는 작은 갯골, 작은 갯골이 합쳐지면서 점점 커져 가는 갯골. 무생물의 자연적인 흐름이다. 하나의 큰 원천에서 멀고 작은 곳까지 무엇인가를 운반하기 위해서는 하나의 큰 줄기에서 자꾸만 갈라져 나간다. 뿌리에서 토양에 분산된 양분을 한곳으로 모은 후에, 하나의 큰 줄기를 통하여 위로 양분을 보내고, 여러 번 갈라지면서 하나하나의 잎으로 양분을 보내는 나무. 하나의 원천, 심장에서 큰동맥을 통하여 피를 보내고, 갈라지고, 갈라지면서 몸의 모든 곳으로 피를 보낸다. 여기저기 흩어진 피를 하나하나 모으고, 다 모아지면 큰정맥을 형성하여 심장으로 보내는 흐름. 무생물과는 방향이 다른 생물의 흐름이다.

생명의 신비 Mystery of life

세찬 눈보라에 홀로 선 옹이나무
그래도 쓰러지지 않는 것은
깊은 생명의 뿌리 때문이다.
누구나 이런 옹이 하나쯤
지니고 사는 것 아닌가

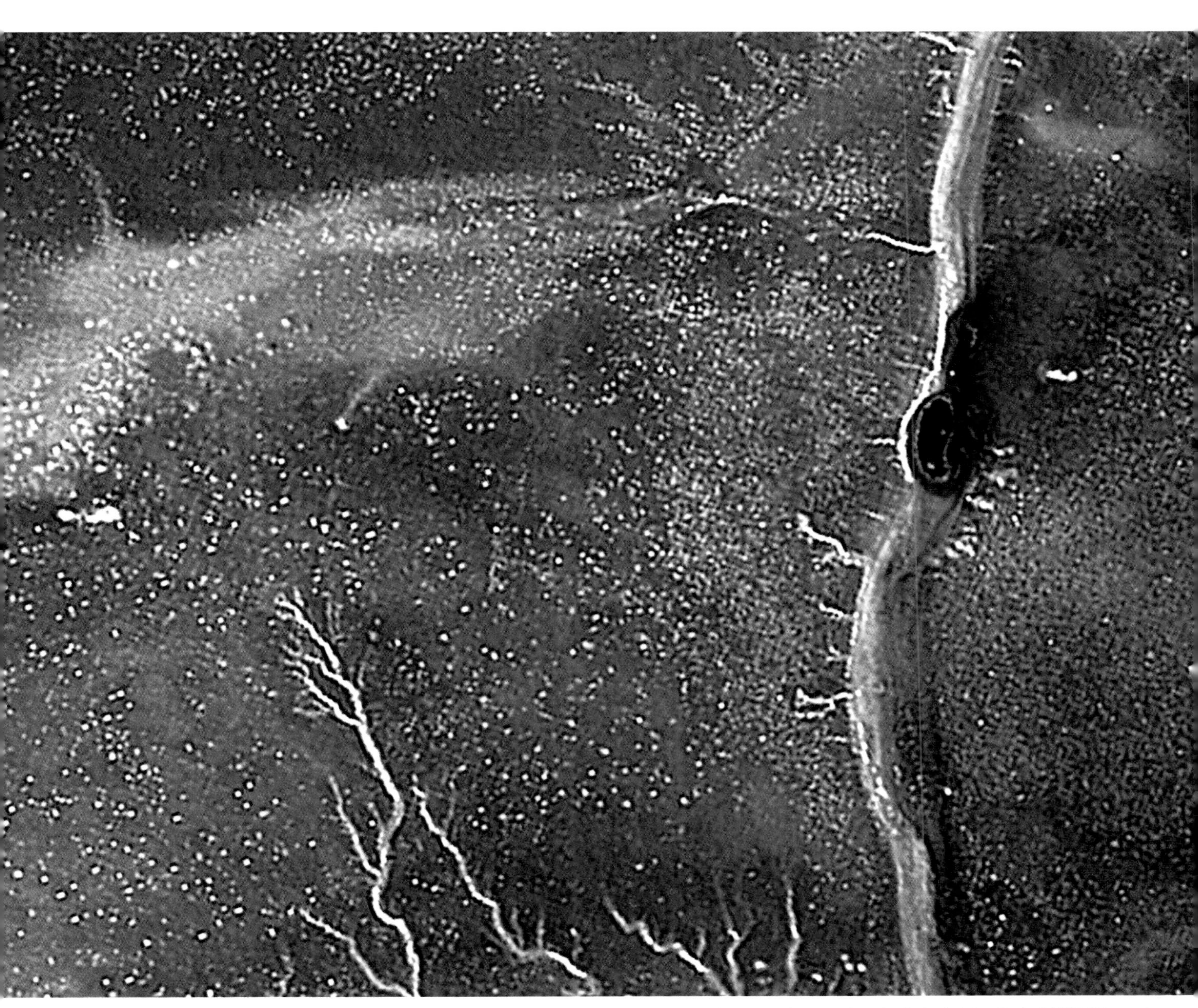

작품 크기: 138m×186m | 촬영 연도: 2012년 | 촬영 지역: 전북 김제시 광활면 창제리 남서쪽 1.1km(새만금 동진강) | 촬영 위치: 북위 35°48′35″, 동경 126°43′40″ | 영상 회전: 338도

| 화랑 2 |

풍경을 담다

화옹폭포 Whaong waterfall

절벽 사이로 세차게 내리치는 중국 여산*의 폭포를 겸재 정선의 화폭에 담았다면
방조제에 갇힌 물줄기의 거친 숨소리를 수묵화의 〈화옹폭포〉에 담았다.

* 여산(廬山): 중국 강서성(江西省) 구강시(九江市) 서남쪽에 있는 유명한 산

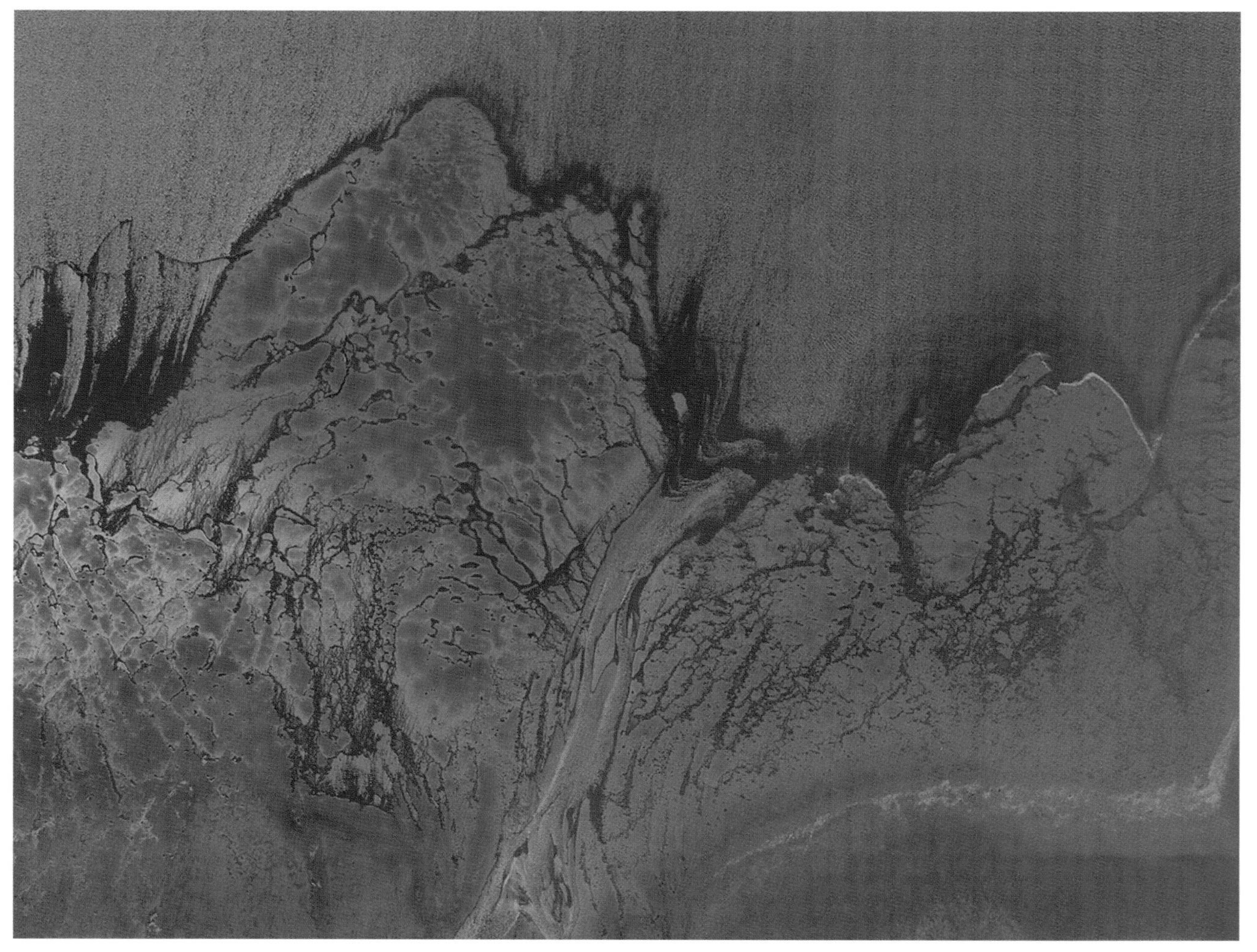

작품 크기: 254m×284m | 촬영 연도: 2009년 | 촬영 지역: 경기도 화성시 우정읍 원안리(화성 방조제 내측) | 촬영 위치: 북위 37°06′12″, 동경 126°43′32″ | 영상 회전: 190도

화성 방조제는 화옹지구 간척사업에서 경기도 화성시 서신면 궁평리와 우정읍 매향리 사이의 바다를 막아 세운 방조제로, 1991년부터 시작하여 2003년 3월에 물막이 공사가 완료되었다. 총길이는 9.8킬로미터이다.

〈화옹폭포〉는 2009년에 촬영된 화성 방조제 내측 유역의 영상으로, 방조제 물막이 공사가 완료되고 약 6년 후의 모습이다. 방조제에서 1.8킬로미터 거리에 쌓여 있는 펄 갯벌에 육지에서 흘러내려 오는 물줄기의 흔적이 폭포의 모습으로 그려졌다.

겸재 정선의 〈여산폭포도〉

동화의 숲 Forest in fairy tales

작품 크기: 516m×1,031m | 촬영 연도: 2009년 | 촬영 지역: 전북 부안군 하서면 백련리 부안신재생에너지 일반산업단지 앞 북서쪽 2.5km(새만금 내) | 촬영 위치: 북위 35°43′35″, 동경 126°34′31″ | 영상 회전: 63도

파괴된 숲 Destroyed forest

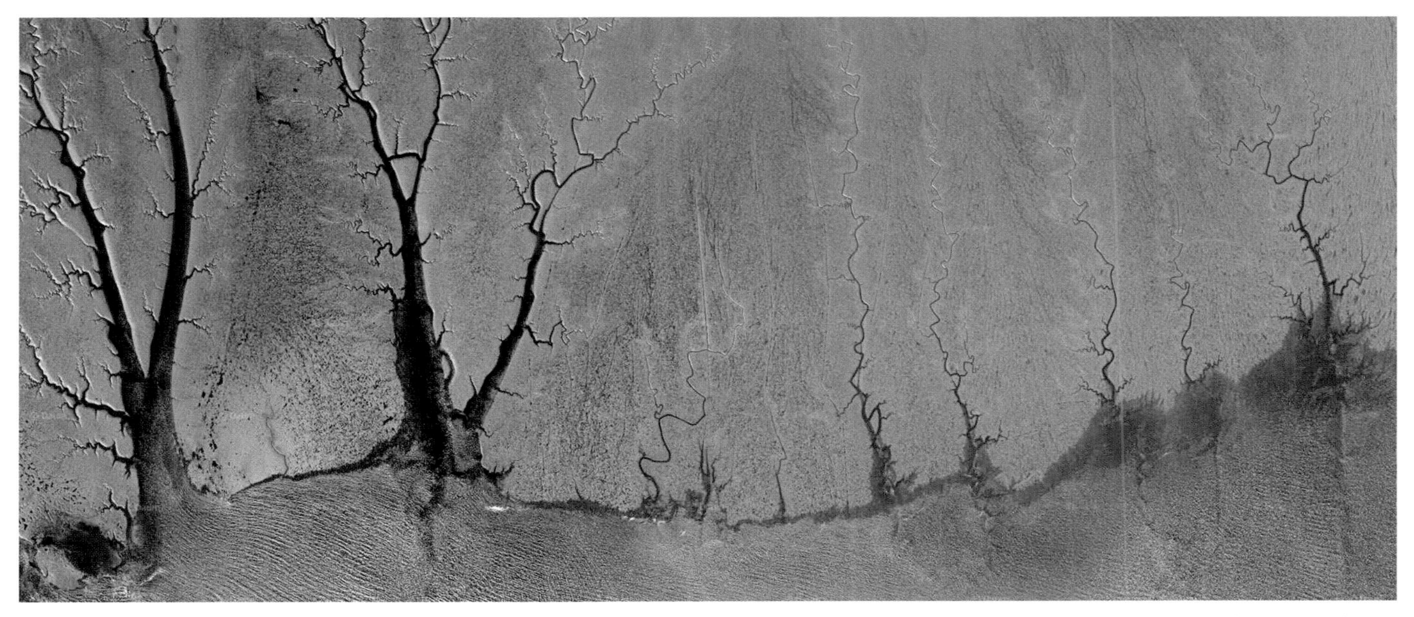

작품 크기: 806m×1,882m | 촬영 연도: 2011년 | 촬영 지역: 충남 서천군 장항읍 송림리(유부도 동쪽 1.5km) | 촬영 위치: 북위 35°59′28″, 동경 126°37′12″ | 영상 회전: 0도

클래식 Classic

작품 크기: 131m×343m / 139m×365m | 촬영 연도: 2010년 | 촬영 지역: 전북 군산시 옥서면 선연리 화산 남서쪽 4km(새만금 내 모래언덕) | 촬영 위치: 북위 35°51′23″, 동경 126°35′12″ | 영상 회전: 43도 / 59도

크고 작은, 길고 짧은 나무가 줄지어 서 있는 모습을 보여 주는 이 작품은 정량화가 필요한 과학 영역에서는 순위를 매길 필요가 있다. 여러 가지 기준이 있지만 가장 대표적인 기준의 하나는 집수면적(集水面積)이다. 아래 그림의 하단에 형성된 줄기 하나에 갯골 하나하나를 독립적인 갯골로 보면, 그 크기는 집수면적으로 구분할 수 있다. 집수면적은 마지막 줄기(독립된 갯골의 끝 부분)로 모이는 물량을 결정하는 면적으로, 동일한 집수 구역(붉은 선으로 둘러싸인)에서는 동일한 하나의 줄기로 모인다.

화산재 Volcanic ash

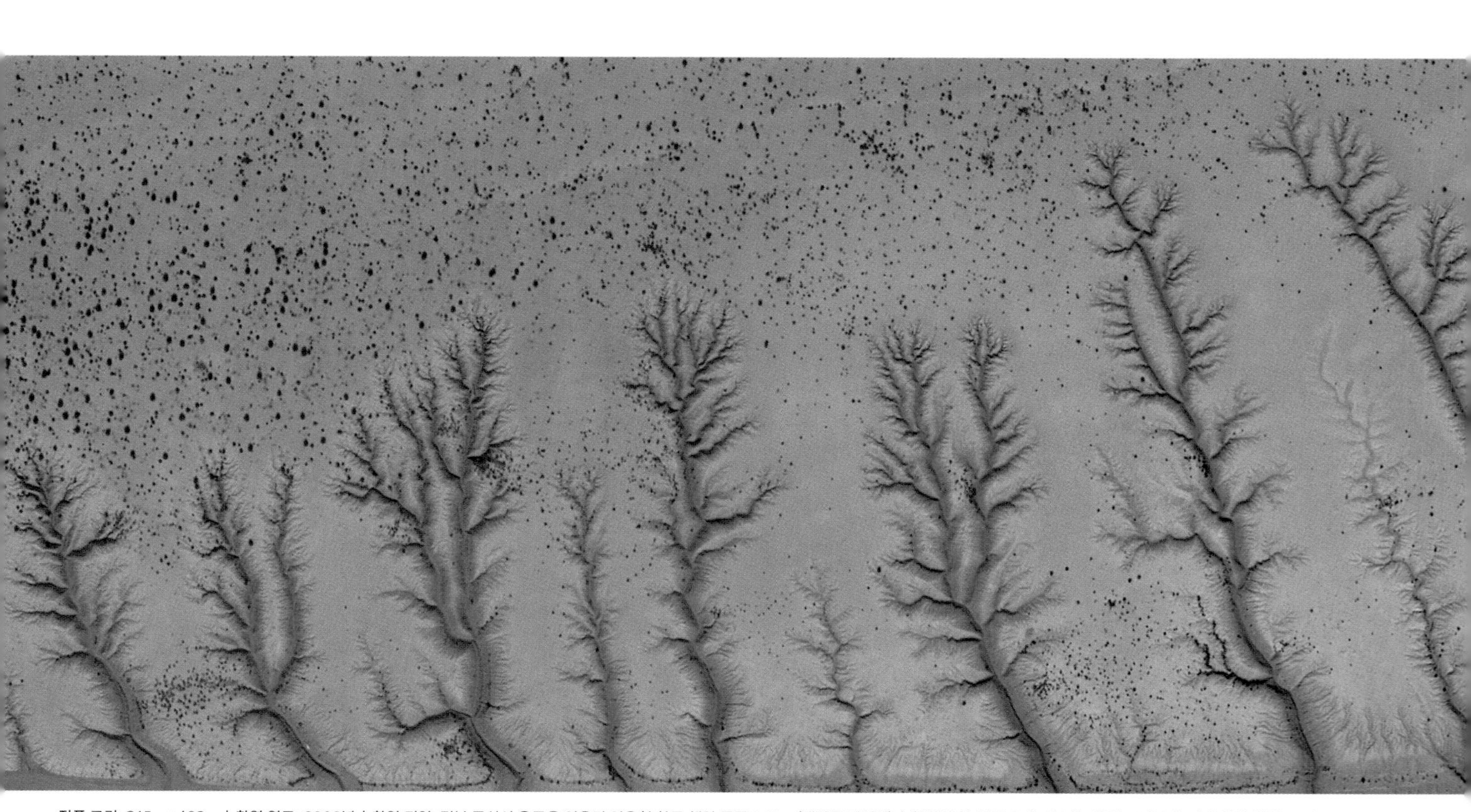

작품 크기: 315m×493m | 촬영 연도: 2008년 | 촬영 지역: 전북 군산시 옥구읍 어은리 어은천 하구 해안 동쪽 2.2km(새만금 만경강) | 촬영 위치: 북위 35°53′26″, 동경 126°41′55″ | 영상 회전: 336도

우거진 숲 Dense woods

작품 크기: 274m×282m | 촬영 연도: 2011년 | 촬영 지역: 전북 군산시 해망동 금란도 | 촬영 위치: 북위 35°01′00″, 동경 126°39′33″ | 영상 회전: 310도

바벨산 Mountain Babel

황금으로 쌓아 올린 산
하늘로 치솟는 거대한 힘
신과 인간의 한판 승부!

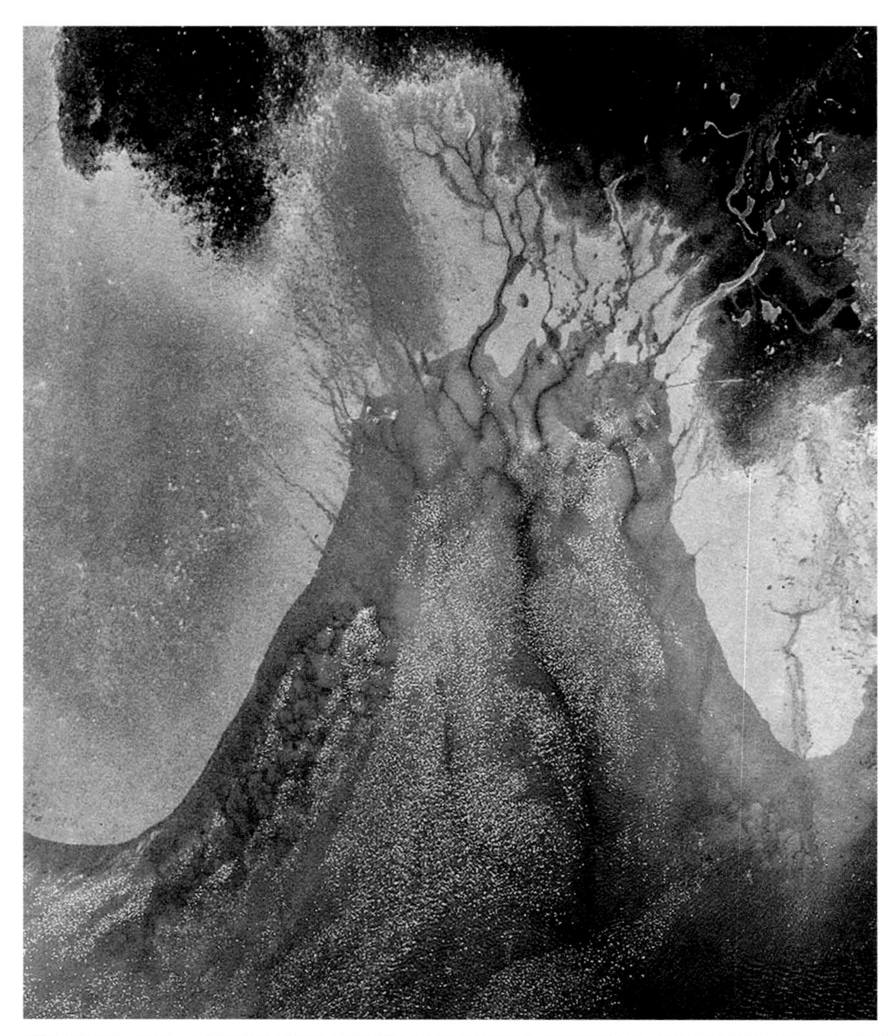

작품 크기: 370m×311m | 촬영 연도: 2009년 | 촬영 지역: 전북 군산시 회현면 금광리 남쪽 1.5km(새만금 만경강) | 촬영 위치: 북위 35°52′43″, 동경 126°45′40″ | 영상 회전: 92도

분화구 The crater

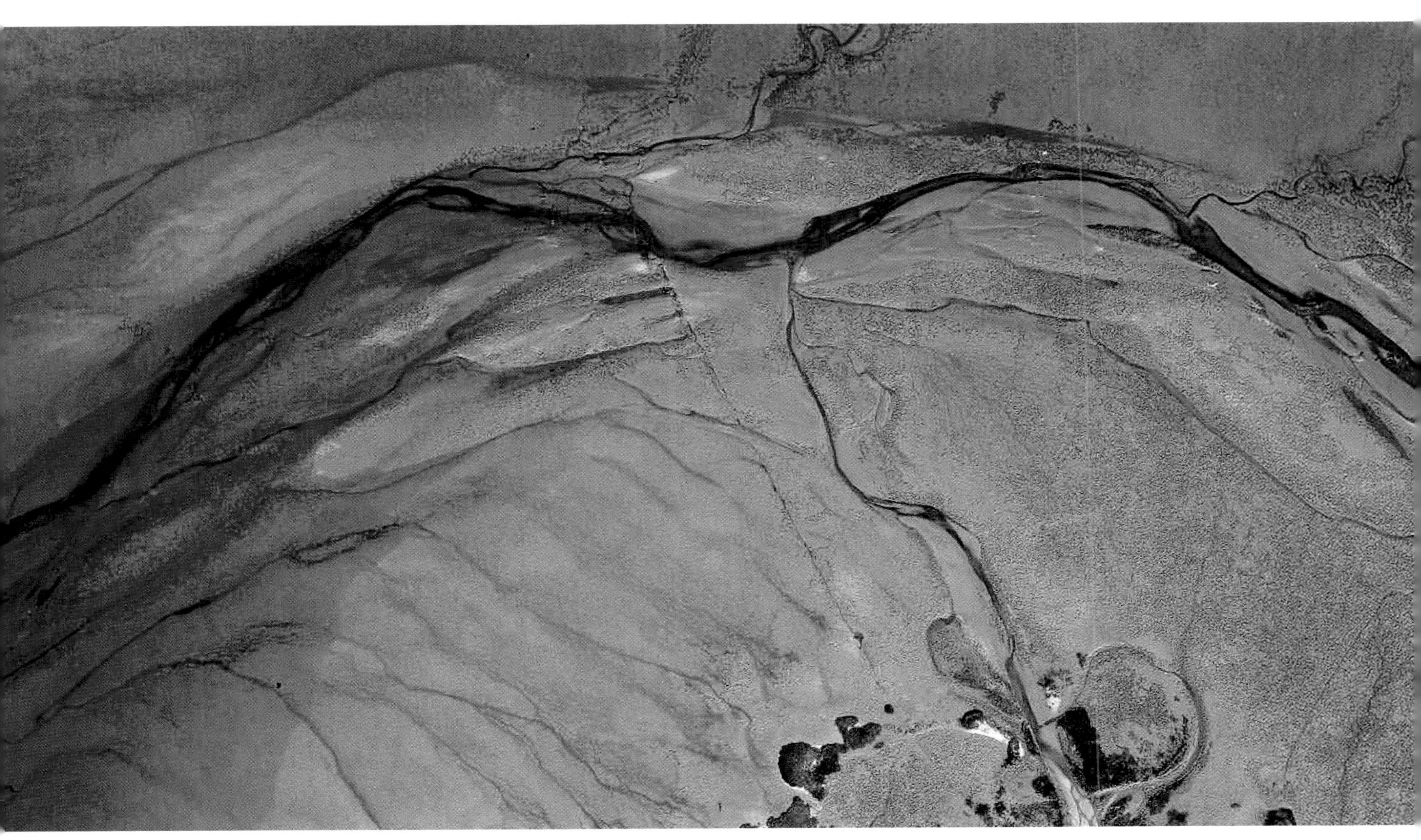

작품 크기: 326m×591m | 촬영 연도: 2010년 | 촬영 지역: 전남 함평군 현경면 해운리 자명천 하구 해안 서쪽 0.5km | 촬영 위치: 북위 35°04′31″, 동경 126°27′07″ | 영상 회전: 354도

토네이도 Tornadoes

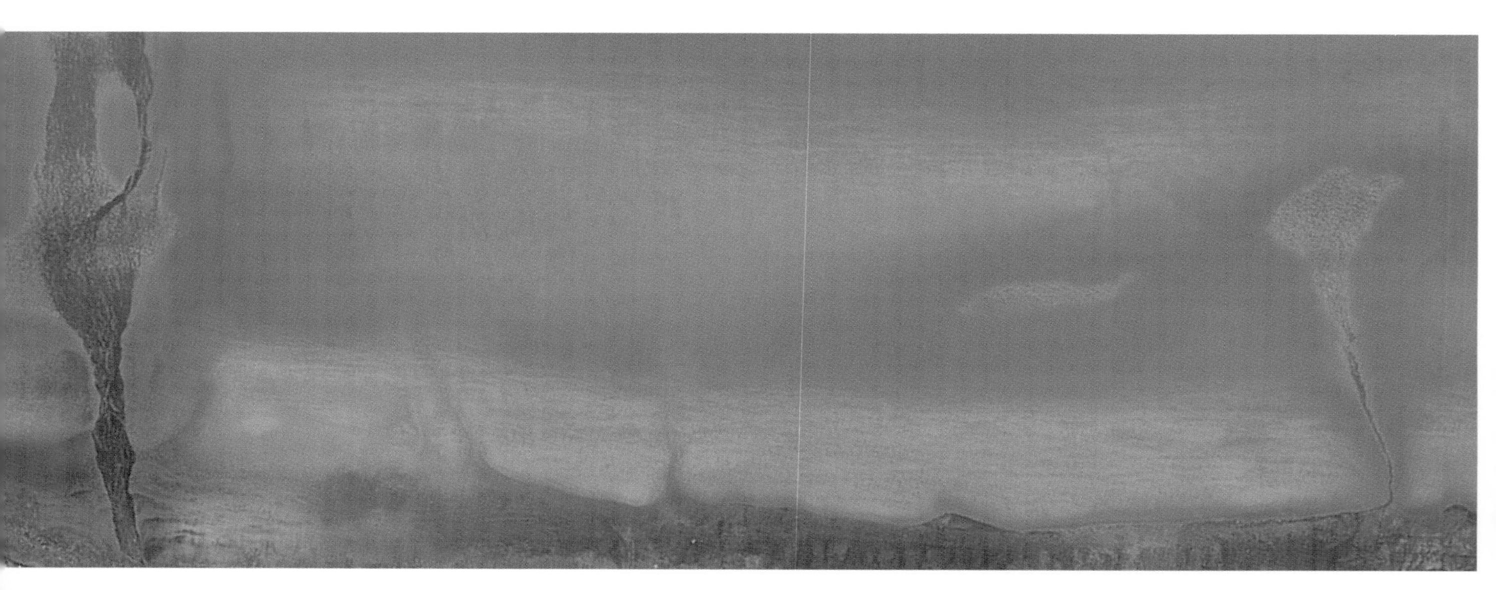

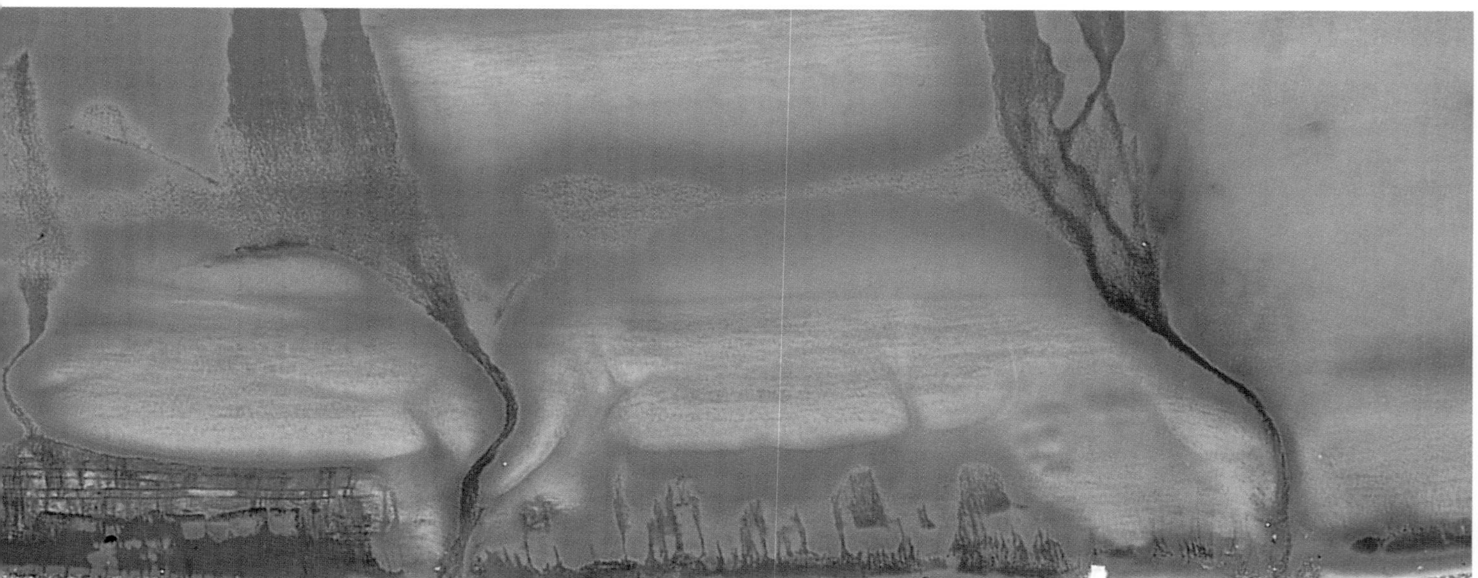

작품 크기: 148m×402m / 154m×397m | 촬영 연도: 2011년 | 촬영 지역: 전남 신안군 임자면 대기리 서쪽 해안(임자도) | 촬영 위치: 북위 35°06′48″, 동경 126°05′20″ | 영상 회전: 43도/ 46도

하나의 깊은 갯골을 만들어서 힘차게 흘러온 물은 완만한 경사를 만나면서 정체되고, 그 정체된 흐름은 여기저기로 다시 갈라진다. 그리고 넓은 공간은 그 갈라짐을 허락한다. 급경사 영역에서 완경사를 만나 흐름이 갈라지는 곳이 삼각주(델타, 선상지)이다. 하천에서 다양한 양분을 싣고 와 이곳에 내려놓아 비옥한 토지가 형성된다는 곳이다. 갯골에서도 그 비슷한 삼각주가 형성된다. 갯골의 폭이 커지고 유속이 느려지면서, 약하지만 다양한 모양을 만들어 낸다. 이 작품의 공간적인 차이는 다양한 물길을 여러 방향으로 결정하는 작은 경사 차에 있다.

■ 차고 더운 공기의 강력한 뒤틀림처럼 육지와 바다의 경계에서 만난 물줄기는 모래 해변에 토네이도의 몸부림으로 그려진다.

돌담 A stone wall

■ 빗(comb)이나, 컴퓨터 파일 관리 폴더 구조와 같은 이 갯골은 아주 특이한 형태를 보인다.

작품 크기: 337m×556m | 촬영 연도: 2008년 | 촬영 지역: 경기 화성시 장덕동 서쪽 1.7km(화성 방조제 안) | 촬영 위치: 북위 37°09′13″, 동경 126°45′54″ | 영상 회전: 10도

| 화랑 3 |

나무를 키우다

나무의 시작 The beginning of a tree

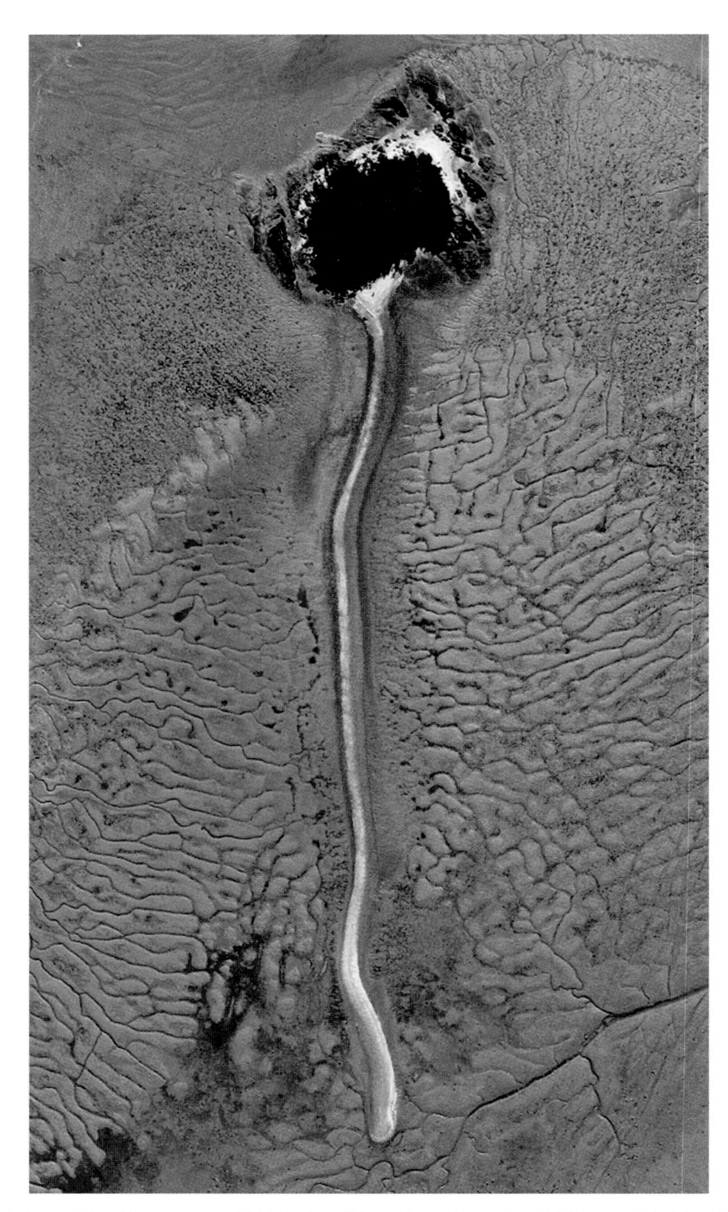

참고 셰니어(chenier) _ 셰니어는 모래알 정도의 입자로 진흙이나 펄 갯벌 위에 형성된 긴 구릉(ridge)으로 그 형태가 아주 독특하고 다양하다. 경사가 매우 완만하고, 파랑 에너지가 낮은 펄 갯벌 지역에서 모래가 많이 밀려들면 형성된다. 우리나라 서해안에 발달한 갯벌 해안이 이러한 조건을 갖추고 있기에 다양한 형태의 셰니어를 찾아볼 수 있다. 셰니어는 모래의 공급 경로, 흐름과 갯벌 경사에서의 차이 등 여러 환경 조건들이 결합되어 다양한 형태를 만들어 낸다. 이 작품에서 보이는 셰니어는 폭 10미터, 길이 400여 미터에 이른다.

작품 크기: 519m×298m | 촬영 연도: 2012년 | 촬영 지역: 전남 신안군 암태면 당사리 당사도 남쪽 0.3km | 촬영 위치: 북위 34°52′46″, 동경 126°10′51″ | 영상 회전: 180도

송이버섯 Pine mushroom

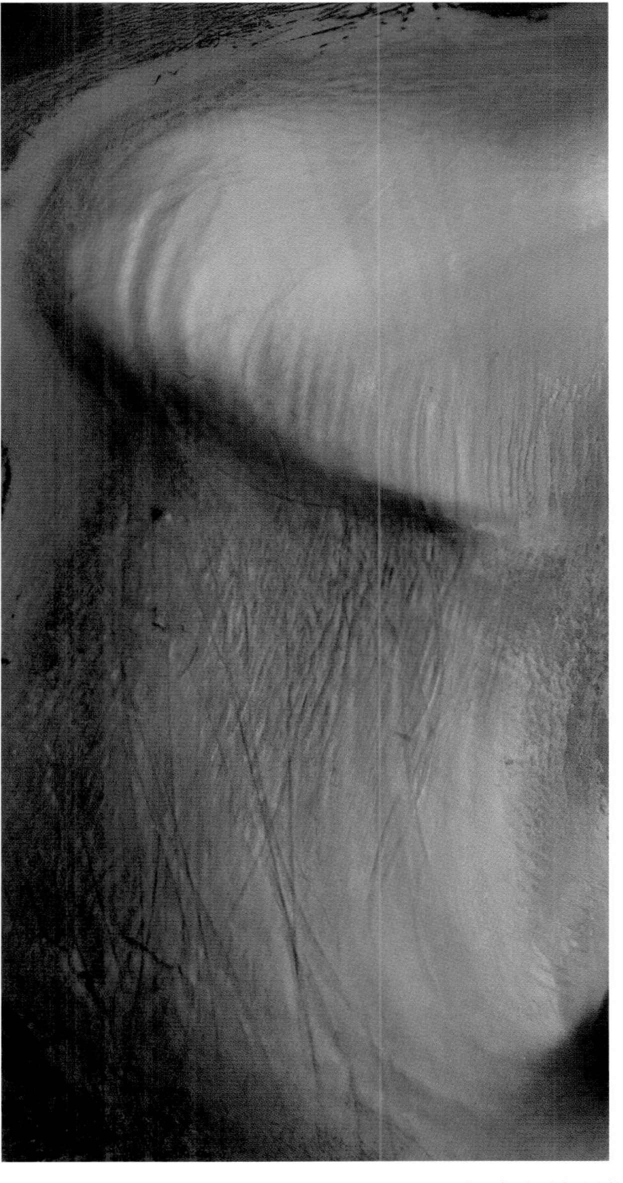

작품 크기: 1,768m×906m | 촬영 연도: 2010년 | 촬영 지역: 전북 군산시 옥서면 선연리 화산 남남서쪽 3.5km(새만금 내) | 촬영 위치: 북위 35°51′21″, 동경 126°36′23″ | 영상 회전: 330도

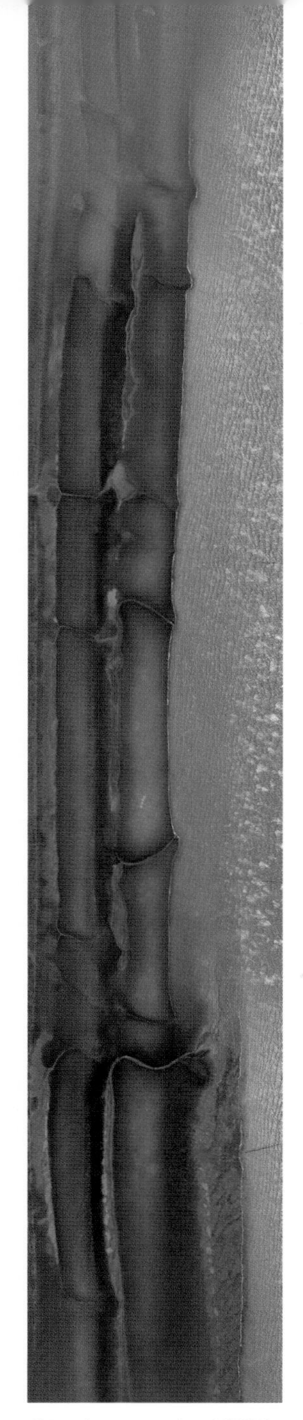

대나무 Bamboo

작품 크기: 1,523m×268m | 촬영 연도: 2009년 | 촬영 지역: 전북 고창군 상하면 용정리 해변 | 촬영 위치: 북위 35°28′03″, 동경 126°26′59″ | 영상 회전: 152도

〈대나무〉 작품에서 마디는 무엇인가? 어떻게 만들어지는가?

최근 해안에서 바다 방향으로 좁은 영역에 형성되는 강한 흐름인 이안류(rip current)에 의한 사고가 뉴스에 많이 오르내리고 있다. 이 이안류가 갯골에서 대나무 형태를 만들고 있다.

마디를 포함한 대나무 줄기는 사주(bar)-골-사주로 이어지는 형태이고, 사주와 사주 사이의 골에 물이 고여 있다. 그 고여 있는 물이 나갈 곳을 찾은 곳이 마디로 형성되어 있다. 이 대나무 마디는 갯골 이안류라고 할 수 있다.

고여 있는 물이 어디론가 나갈 곳을 찾다가 좁은 빈틈으로 몰려서 나가다 보니 해변에서는 이안류가 되고, 갯벌에서는 갯골 이안류가 되어 대나무 마디를 만든다.

파란 나무 Blue colored trees

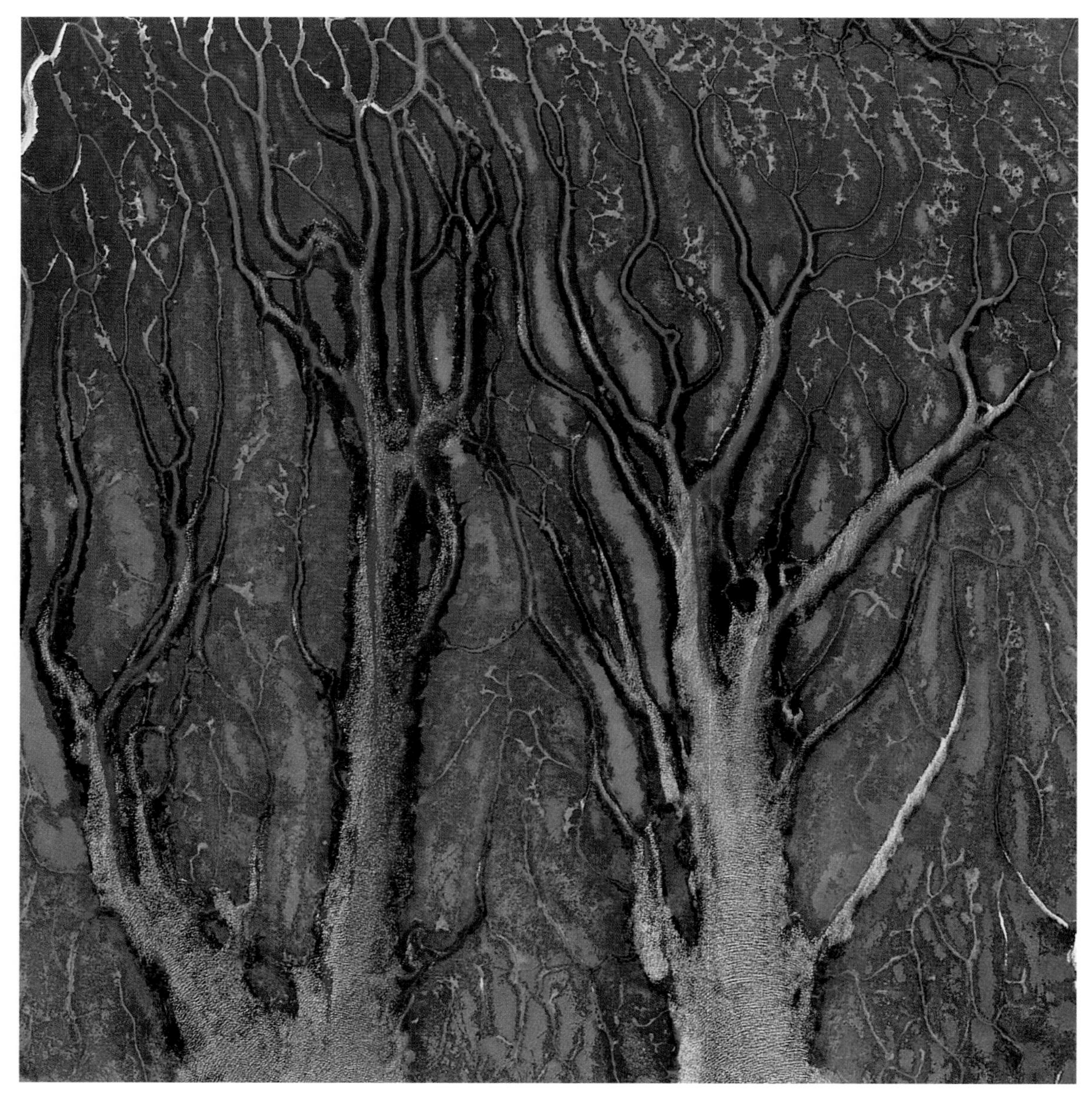

작품 크기: 503m×485m | 촬영 연도: 2009년 | 촬영 지역: 전남 무안군 해제면 양월리 남쪽 1.2km | 촬영 위치: 북위 35°02′35″, 동경 126°16′36″ | 영상 회전: 324도

초록, 파랑, 갈색, 붉은색 등 갯벌에는 없을 것 같은 다양한 색상이 펼쳐지는 작품이다. 햇빛의 명암으로 만들어지는 색깔과는 달리, 드러난 갯벌에 살고 있는 돌말류, 식물플랑크톤이 갯벌의 색깔을 결정한다. 드러난 갯벌을 촬영하는 것만으로도 갯벌에, 갯골 주변에 어떤 생물이 살고 있는지를 알 수 있다니, 새로운 촬영 관측만으로도 생물 자료를 조사할 수 있게 된 것이다.

아래 사진은 경기도 시흥 갯골생태공원에서 촬영한 영상으로 갯골의 녹색 부분이 갯벌식물 중 돌말류(diatom)이다. 돌말은 기회종으로 좋은 환경에 일시적으로 성장했다 사라지는 광(wide)염성이다. 염분의 폭이 큰 곳에서 서식하며 식용인 매생이처럼 실 모양이다. 참고로 갯벌 식물은 돌말류 외에도 뿌리는 부착용이고 영양을 잎에서 흡수하는 조류(algae)와 영양을 뿌리로 흡수하는 해초(seaweed) 등이 있다.

시흥 갯골(2019년 10월 26일 촬영)

마법의 나무 A magic tree

나무팔로 낚아챌 듯한 으스스한 기운을 뿜어내는 마법 세계의 나무

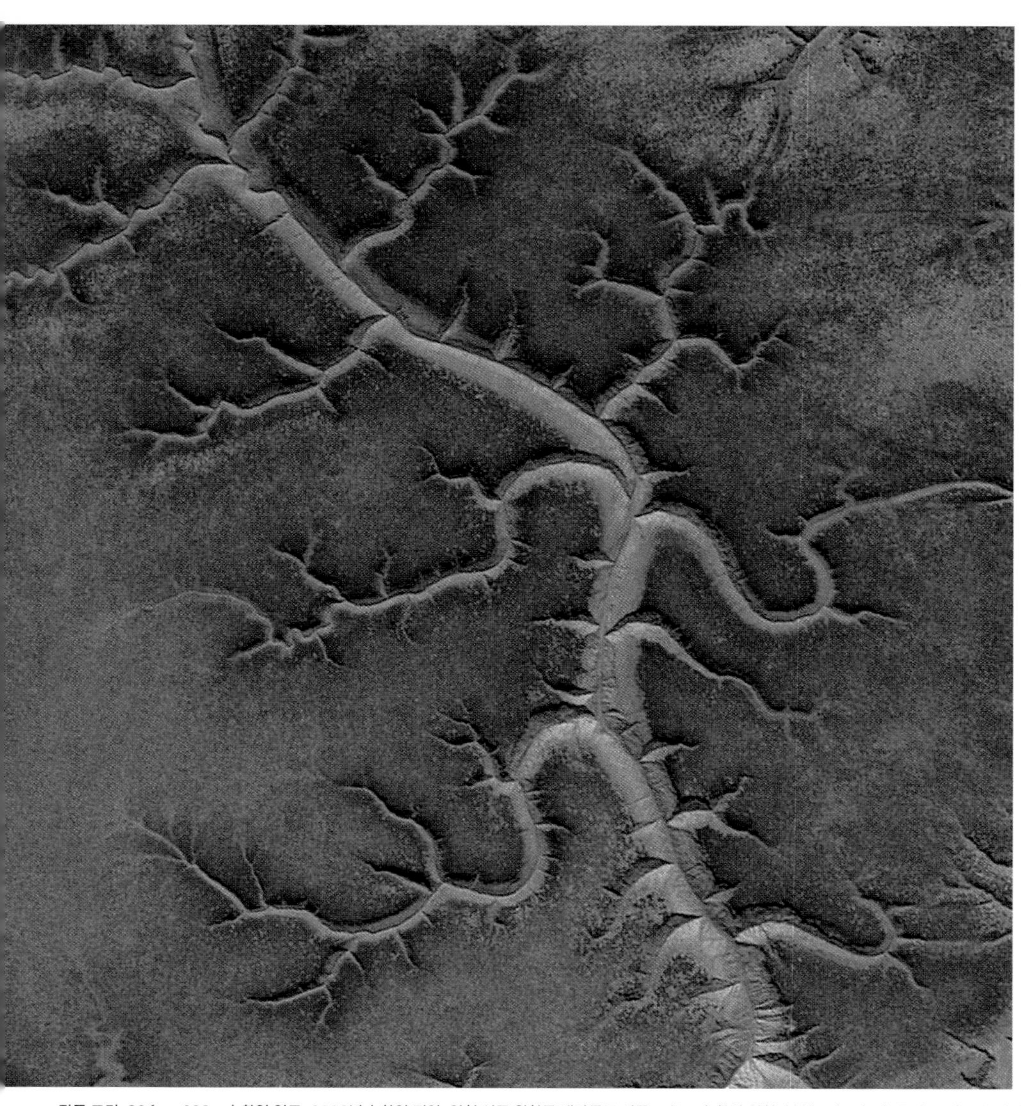

■ 영화 〈해리포터〉에 나올 법한 이상야릇한 나무의 모습이다. 주위에 붉게 드리워진 염생식물도 이곳이 마법의 세계라고 한몫 거들고 있다.

작품 크기: 306m×292m | 촬영 연도: 2009년 | 촬영 지역: 인천 서구 원창동 대다물도 서쪽 1.6km | 촬영 위치: 북위 37°33′11″, 동경 126°33′00″ | 영상 회전: 115도

갯벌의 핏줄, 갯골의 프랙탈 특성

자연에서의 프랙탈(fractal) 특성이 새로운 과학 분야의 주제로 떠올랐던 시절이 있었고, 지금도 여전히 다양한 현상 해석에 프랙탈 특성이 이용되고 있다. 이 작품의 갯벌 형태는 기본적인 두 가지 프랙탈 특성을 지닌다. 하나는 갯벌의 프랙탈 차원으로 갯벌의 핏줄이라 할 수 있는 갯골의 연결 정도와 사행(meandering) 정도를 판단하는 지표가 된다. 프랙탈 차원은 실수 차원의 존재를 의미하는 개념으로, 선이 1차원, 면이 2차원이라면 복잡한 선은 1차원과 2차원 사이(프랙탈 차원으로는 1-2 사이)에 있으며, 복잡한 선의 상대적인 복잡도 비교를 할 수 있다. 해안선의 경우, 단순한 동해안의 프랙탈 차원은 복잡한 서해안의 프랙탈 차원보다 작다. 그리고 직선 형태의 인공 해안선은 자연 해안선보다 일반적으로 프랙탈 차원이 작다. 마찬가지로 단순한 형태의 갯골 프랙탈 차원은 복잡한 형태의 갯골 프랙탈 차원보다 작다. 갯골의 갈래를 고려하는 차수 분석도 재미있는 주제가 될 수 있다.

갯골의 프랙탈 차원과 더불어 제시되는 프랙탈 특성은 자기상사성(self-similarity)이다. 이 개념은 거시적인 갯골 형태와 미시적인 갯골 형태의 유사성을 의미하며, 자연에서 드러나는 다양한 기하학적인 형태에 적용된다. 다시 말해 크기는 차이가 있지만 그 구조는 수학적인 관점에서 기하학적으로 유사하고, 갯골의 형태도 일정한 비율이 적용되는 유사한 형태를 보인다는 개념이다. 갯벌과 갯벌의 핏줄이라 할 수 있는 갯골이 이러한 프랙탈 특성을 띠는 것으로 판단되지만, 이에 대한 과학적인 검토는 단지 식상한 기술적인 주제로 여겨 관심이 부족하거나 누구나 '조사하기만 하면 알 수 있는' 내용으로 전락했다. 프랙탈 특성을 찾아가는 과학 분야는 일시적인 유행으로 끝나고 말 것인가? 지적인 호기심을 자극하는 초보적인 주제인가? 여전히 독특한 과학 분야이다.

나무들의 달빛 합창 Moonlight chorus of trees

■ 밤하늘의 구름 사이로 보이는 달빛은 사실 햇빛이 펄 갯벌 위에 밝게 반사된 모습이다. 갯골이 사방으로 갈라져 형성된 것으로 보아 밝은 부분은 지대가 높은 갯벌의 언덕 부분임을 알 수 있다.

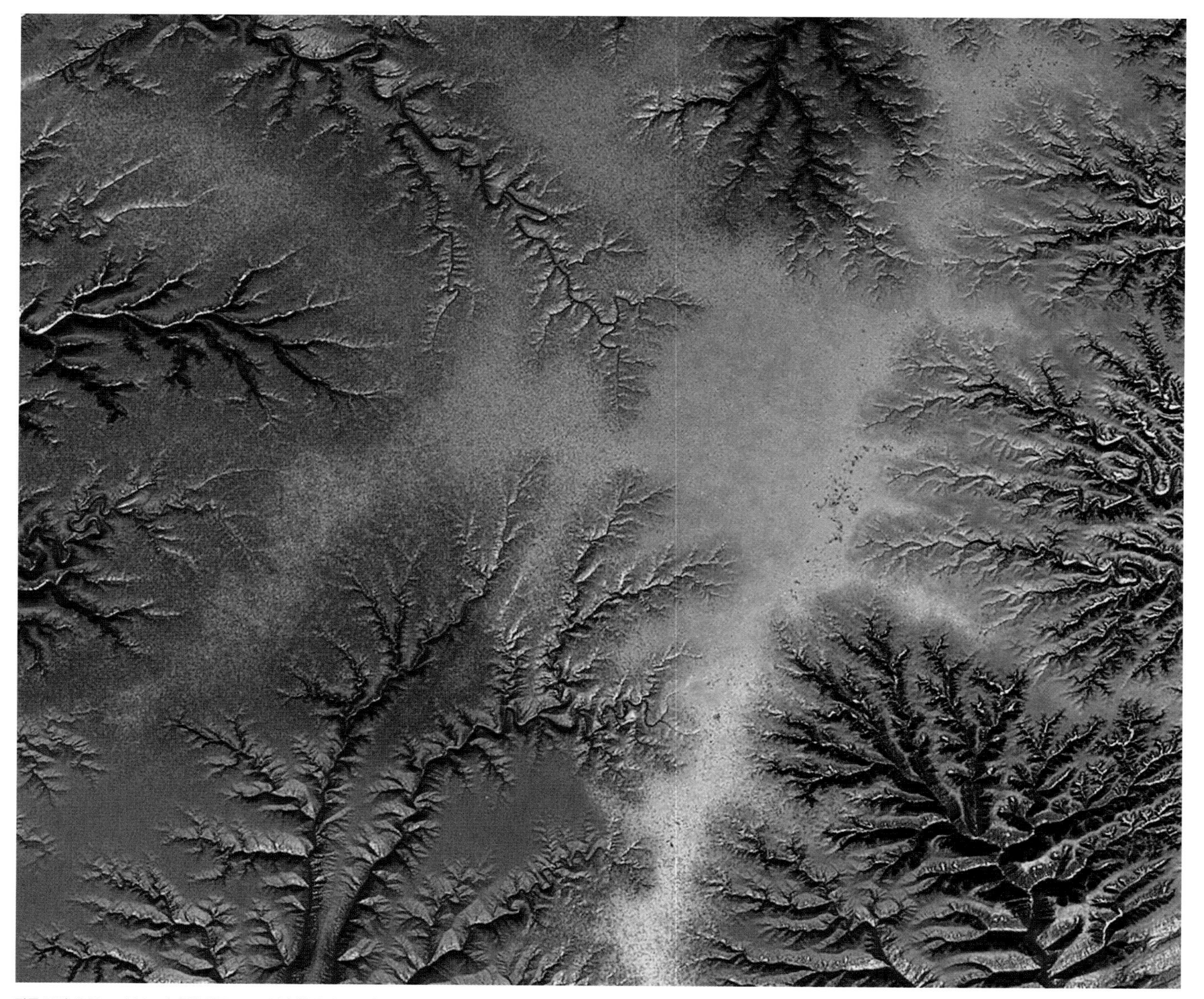

작품 크기: 345m×408m | 촬영 연도: 2011년 | 촬영 지역: 인천 서구 원창동 세어도 서쪽 1.6km | 촬영 위치: 북위 37°34′02″, 동경 126°32′35″ | 영상 회전: 15도

소나무 아래에서 Under the pine tree

소나무 아래에서 촬영(경기도 의정부 2015년 1월)

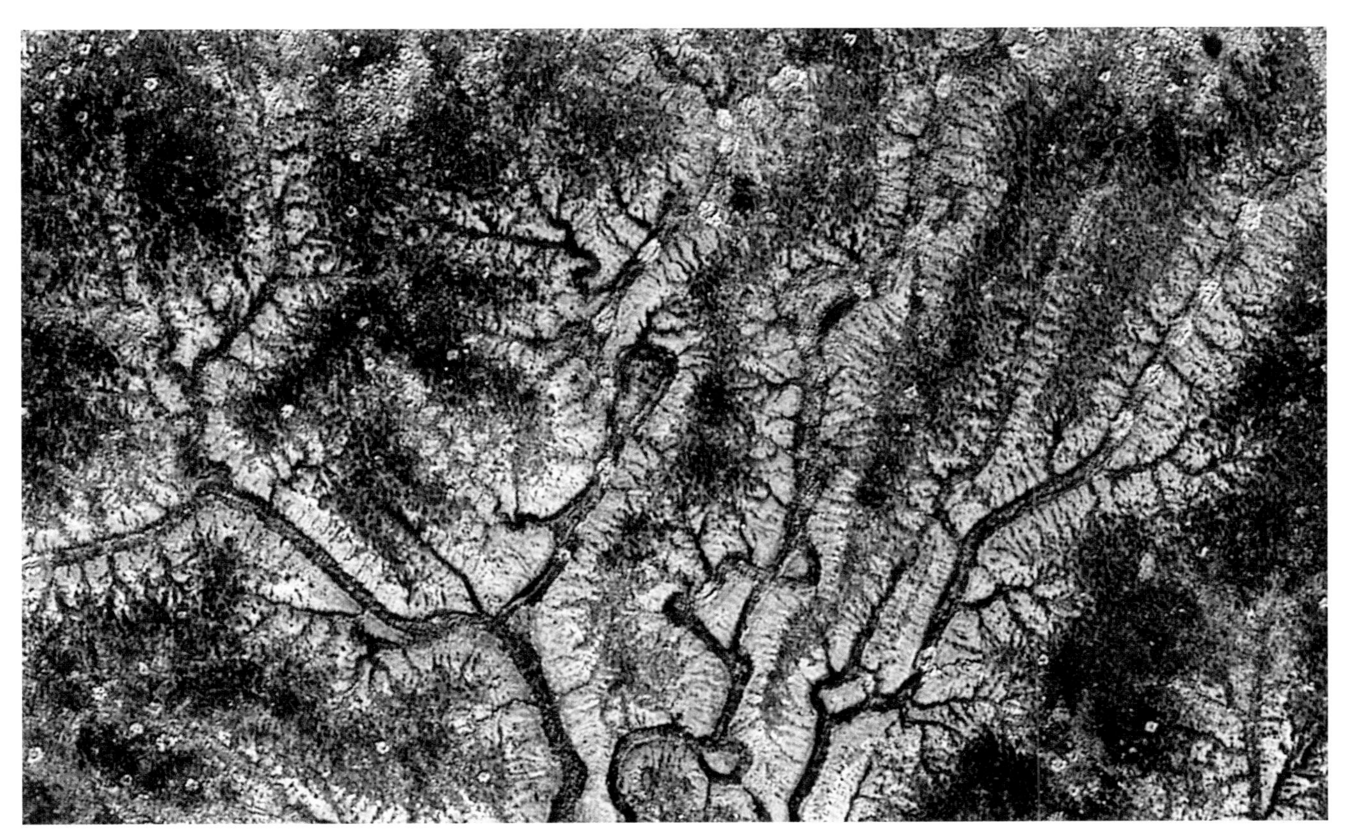

작품 크기: 199m×322m | 촬영 연도: 2010년 | 촬영 지역: 전북 김제시 죽산면 대창리 서쪽 1.5km(새만금 동진강) | 촬영 위치: 북위 35°48′00″, 동경 126°45′41″ | 영상 회전: 335도

고목 매화 Old plum tree

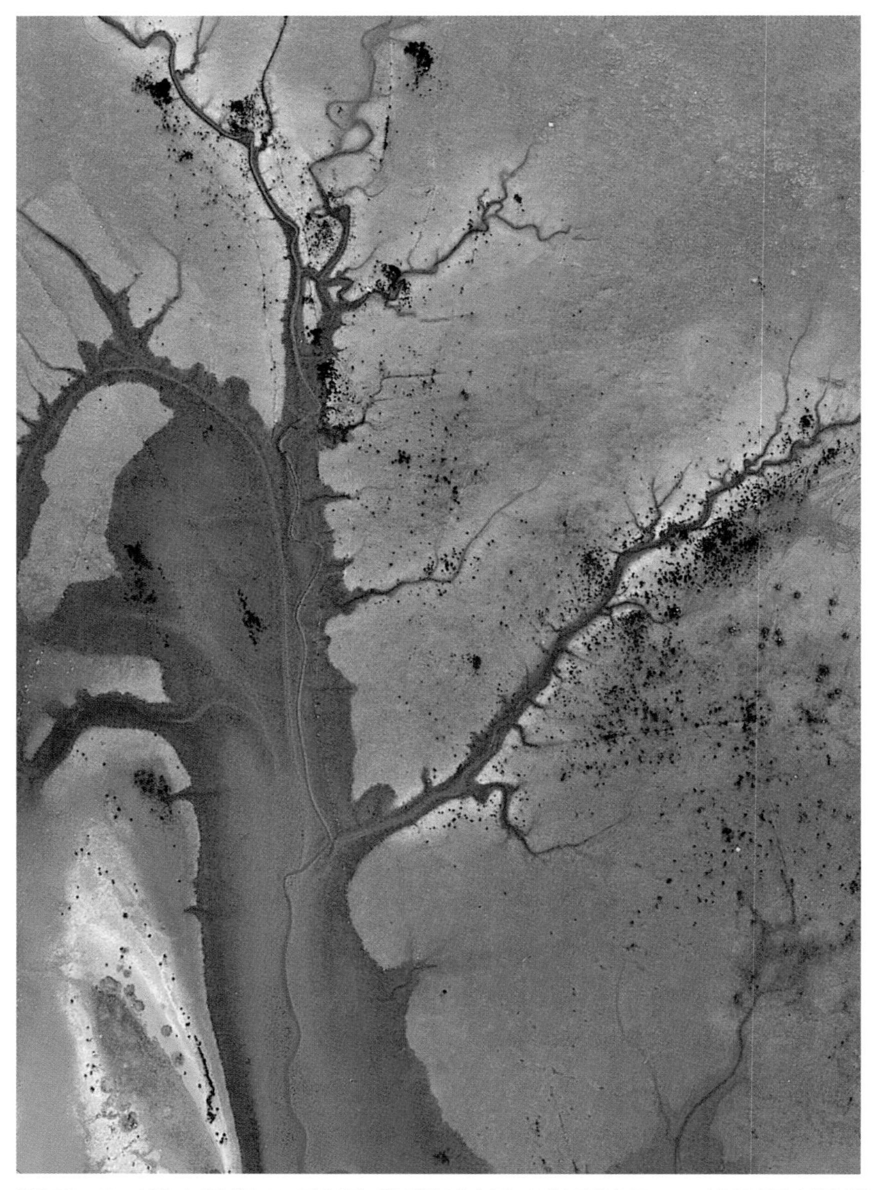

혹독한 겨울을 이겨낸 고목 매화
해가 갈수록
더욱 짙게 터져 나오는 꽃망울

■ 이 작품은 2009년에 새만금 북쪽 지역을 촬영한 영상이며, 간척 공사로 지금은 사라지고 없다. 큰 갯골 오른쪽에 흩어져 핀 매화꽃 풍경은 가을에 붉게 변하는 염생식물인 칠면초 군락이다.

작품 크기: 512m×366m | 촬영 연도: 2009년 | 촬영 지역: 전북 군산시 오식도동 내초공원 남서쪽 0.75km(새만금 북쪽) | 촬영 위치: 북위 35°56′38″, 동경 126°34′54″ | 영상 회전: 40도

큰 나무 A big tree

작품 크기: 395m×247m | 촬영 연도: 2008년 | 촬영 지역: 새만금 방조제 가력도항 남남동쪽 3.7km | 촬영 위치: 북위 35°43′29″, 동경 126°34′21″ | 영상 회전: 35도

꿈꾸는 나무 Dreaming tree

달과 별이 숨죽여 듣고 있는

가지에서 가지로

잎에서 잎으로 전해지는

비와 바람의 이야기

밤이 깊어 갈수록 더욱

풍성해지는 나무의 꿈

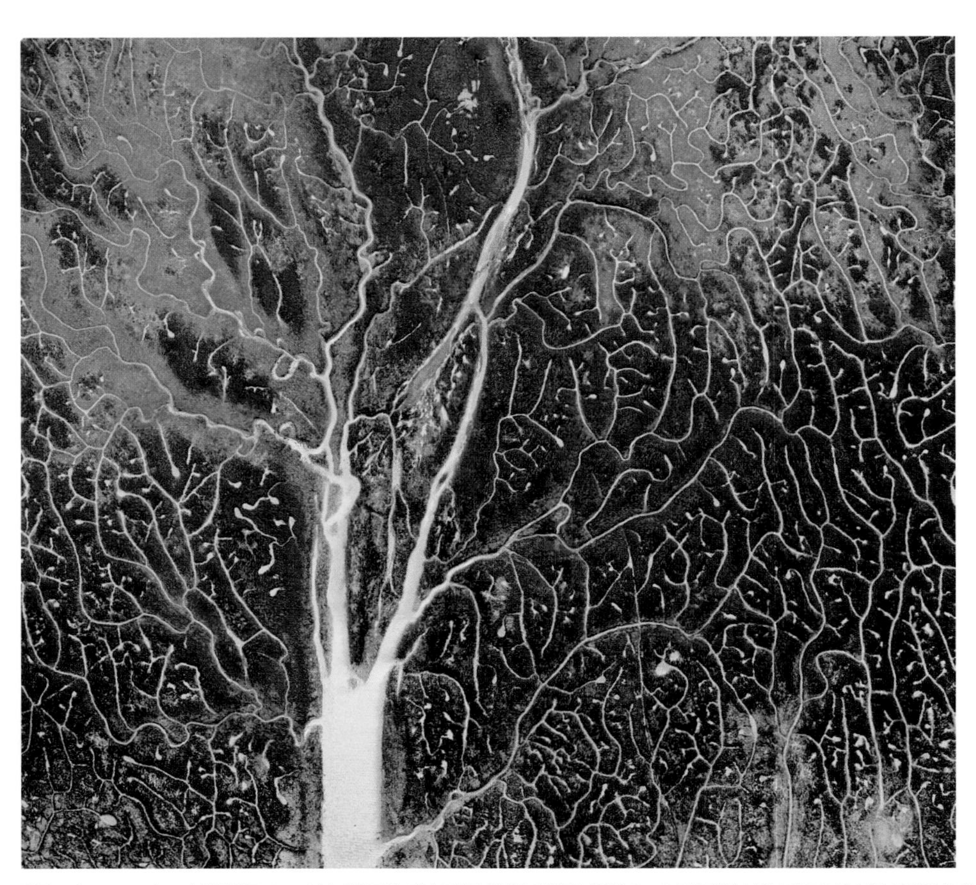

작품 크기: 511m×565m | 촬영 연도: 2009년 | 촬영 지역: 전남 무안군 현경면 마산리 북동쪽 1km | 촬영 위치: 북위 35°05′10″, 동경 126°22′17″ | 영상 회전: 135도

두 나무 Two trees

미지의 세계로 안내하는 두 나무

작품 크기: 218m×218m | 촬영 연도: 2008년 | 촬영 지역: 새만금 방조제 가력도항 남남동쪽 2.9km | 촬영 위치: 북위 35°43′21″, 동경 126°33′50″ | 영상 회전: 0도

비틀린 나무 Twisted tree

호숫가에 곧게 자란 나무들은
이상하게 비틀린 나무의 사연을
알기나 할까?

작품 크기: 287m×384m | 촬영 연도: 2011년 | 촬영 지역: 인천 옹진군 북도면 신도리 인천공항초등학교 신도분교 남쪽 700m(신도 남쪽) | 촬영 위치: 북위 37°30′51″, 동경 126°26′36″ | 영상 회전: 356도

갯골의 착시 현상

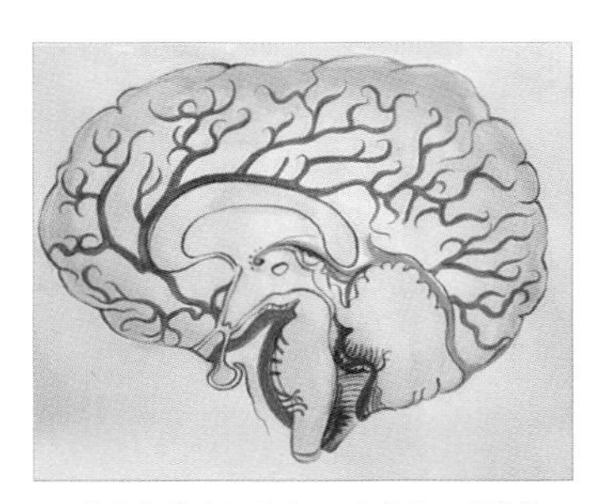

갯벌의 갯골은 혈관, 그중에서도 뇌혈관 모양이다. (그림 조혜준, 2020)

비틀린 나무 모양의 갯골이 마치 육지의 산맥처럼 볼록하게 튀어 오른 양각으로 보일 수도 있다. 하지만 사실 갯벌의 수로는 움푹 들어간 음각이다. 그런데 어째서 볼록하게 보이는 것일까? 이는 시각적으로 착각을 하게 되는 현상으로 보는 사람의 경험에 따라 다르게 보이는 착시(錯視, optical illusion) 현상으로 해석할 수 있다. 우리는 산이나 건물처럼 그림자가 있으면 그 입체가 볼록한 모양이라고 인지하는 것에 익숙해져 있다.

다음 그림은 육지의 산과 바다의 갯골에 햇빛이 비추는 부분과 그림자 부분을 수직 구조(상)와 수평 구조(하)상에 나타낸 것으로, 우리가 입체로 인지하는 상황을 도식화한 것이다. 그림의 왼쪽 부분은 육지의 산에 햇빛이 비추어 생기는 명암에 따라 볼록한 모양의 산으로 인지하게 된다. 아래 부분은 이를 영상과 같은 2차원 평면에서 보이는 명암으로, 명암의 경계 부분이 산에서는 능선에 해당된다. 그림의 오른쪽 부분은 갯골에 햇빛이 비추어 생기는 명암이다. 아래 부분의 평면도를 보면 왼쪽과 같이 볼록하게 튀어나온 양각 모양으로 인지하게 된다. 그런데 산과는 달리 명암의 경계 부분은 튀어나온 능선이 아니라 움푹 들어간 갯골의 수로 가운데 부분이다. 이렇게 갯골에 생긴 명암이 산과는 달리, 햇빛이 갯골의 움푹 들어간 부분을 비추어 밝게 되고, 반대편에는 그림자가 생긴 것이라고 의식하면서 다시 한번 〈비틀린 나무〉 영상을 바라보자. 이제는 음각 형태의 갯골로 보일 것이다.

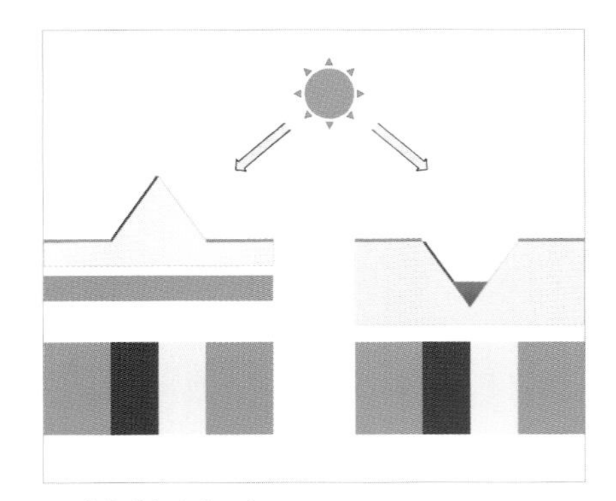

착시 현상 설명 모식도
〔햇빛에 의한 육지의 산(좌)과 바다의 갯골(우)에 생긴 명암의 수직 구조(상)와 수평 구조(하)의 모형〕

천년 고목 Thousand years old tree

■ 조류가 강한 강화 갯벌에 선 굵은 갯골이 천년 고목으로 그려졌다.

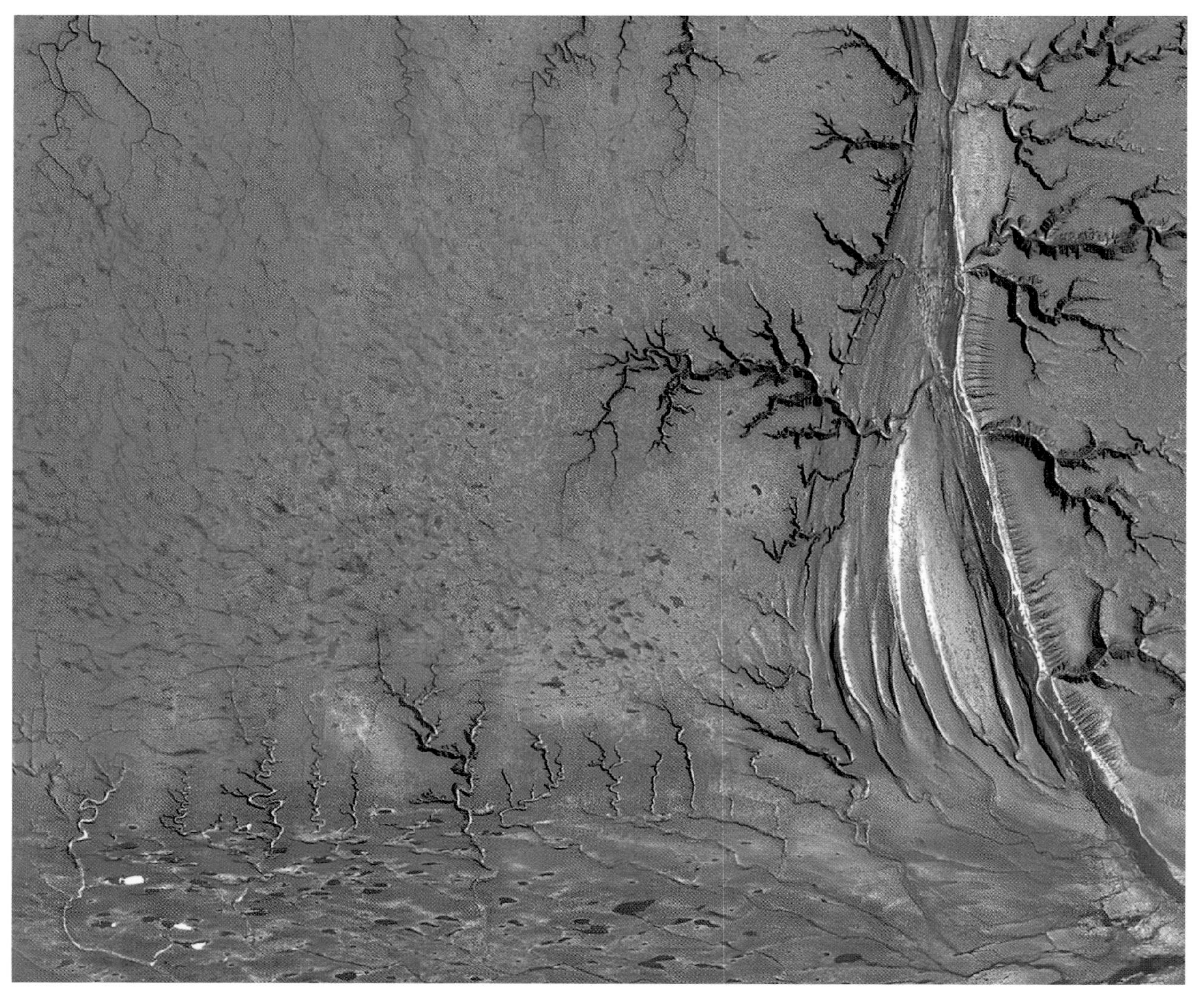

작품 크기: 401m×477m | 촬영 연도: 2010년 | 촬영 지역: 인천 강화군 길상면 동검리 동검도 남남동쪽 2.4km | 촬영 위치: 북위 37°33′35″, 동경 126°31′40″ | 영상 회전: 22도

두 세계의 나무 Trees of the two worlds

작품 크기: 195m×155m | 촬영 연도: 2010년 | 촬영 지역: 전북 부안군 계화면 양산리 북쪽 1.2km(새만금 동진강) | 촬영 위치: 북위 35°48′07″, 동경 126°42′59″ | 영상 회전: 148도

세월 Time and tide

세월은 직선이 아닌 굴곡진 나무와도 같다.

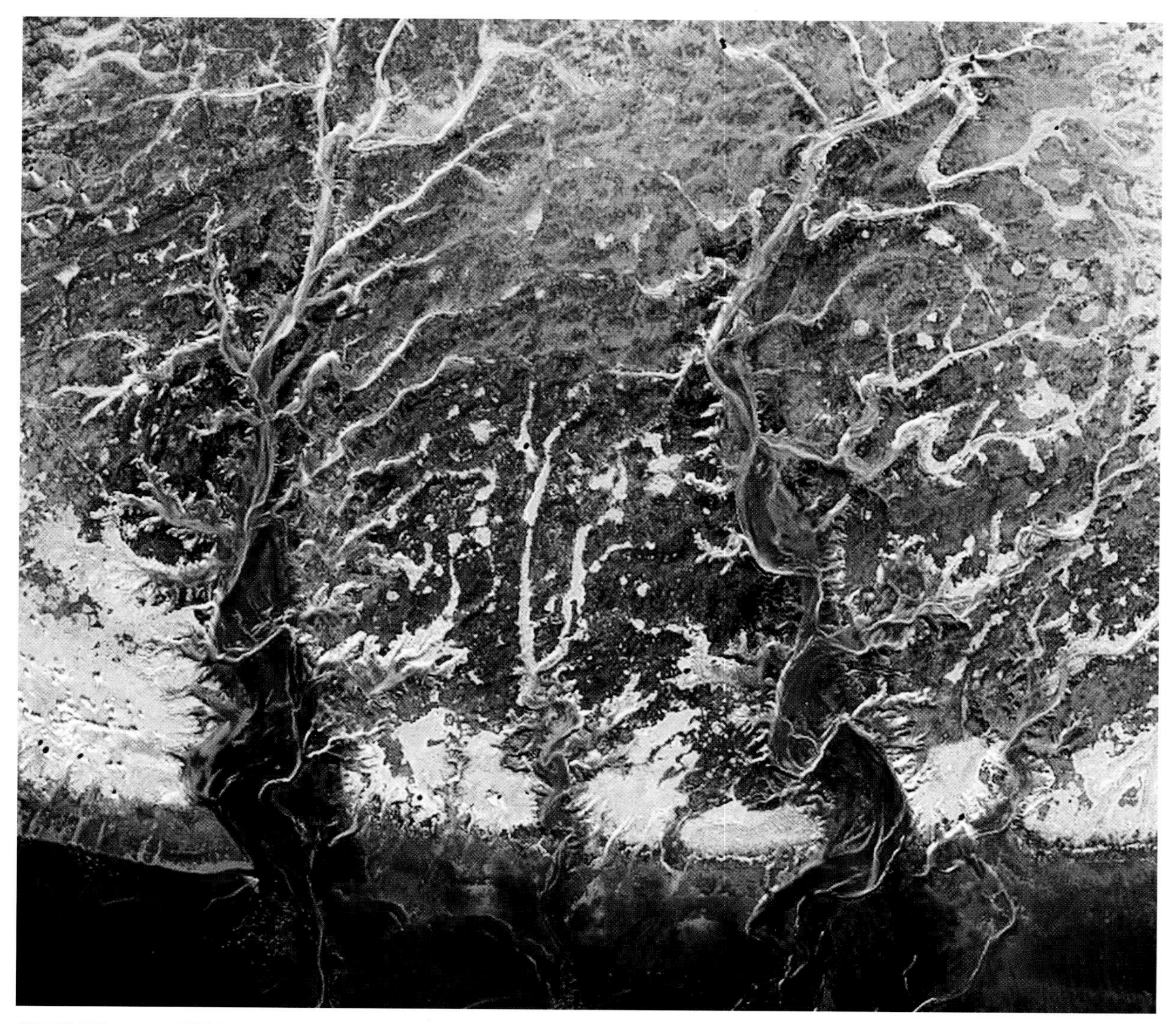

작품 크기: 282m×319m | 촬영 연도: 2008년 | 촬영 지역: 전북 부안군 계화면 계화리 계화도 남서쪽 3km(새만금 내) | 촬영 위치: 북위 35°45′35″, 동경 126°36′17″ | 영상 회전: 5도

차이, 우연, 선입관이 만들어 낸 작품

갯벌에서 볼 수 있는 작품이 만들어진 원인은 불규칙한 자연 세계에서의 우연의 일치인가? 아니면 어떤 선입관인가? 화성에 사람 얼굴이 보인다는 오래된 이야기가 있다. 화성 탐사 과정에서 얻은 이미지에서 사람 얼굴을 연상했기에 나온 이야기이다. 작품 감상과는 별개로 섬의 모습, 갯벌 형상을 보면서 다양한 형태를 상상하지만, 자연적인 설명은 너무나도 간단하다.

갯벌 위치에 따라 서로 다른(좀 더 엄밀하게는 '균질하지 않은'이란 표현이 적합하다. heterogeneous) 고도 경사와 갯벌 토사의 크기, 분포 등과 규칙적인 조석의 영향, 불규칙적인 파랑의 역할 등이 곳곳에서 조합되다 보니 매우 많은 불규칙적인 형태가 물리법칙에 따라 만들어진다. 이렇게 만들어져 동적인 평형을 이룬 갯벌 지형은 또 다른 일시적인 태풍 등의 자연적인 영향과 연안 개발 등의 인위적인 영향으로 바뀌거나 사라지기도 한다. 그런 모습을 보면서 우리가 가지고 있는 관념체계(선입관, 경험의 범위)에 한정하여 어떤 모습을 떠올린다.

이렇듯 과학과 인간의 사고체계가 결합하여 갯벌의 작품이 탄생된다. 같은 지점이라도 시간에 따라 갯벌의 모습은 시시각각 변하고, 개발이라는 인간의 개입으로 사라지기도 한다. 갯벌 작품 하나하나는 우리의 자산이다. 이러한 자산이 사라진다는 것은 큰 손실이다. 사라지는 갯벌에서 우리는 어떤 의미를 건질 수 있을까? 갯벌에서 '세종대왕'을 찾아내고, '한반도'를 찾아내고, 수많은 작품을 찾아낸다면 굳이 세계적인 박물관, 미술관을 부러워할 필요가 있을까?

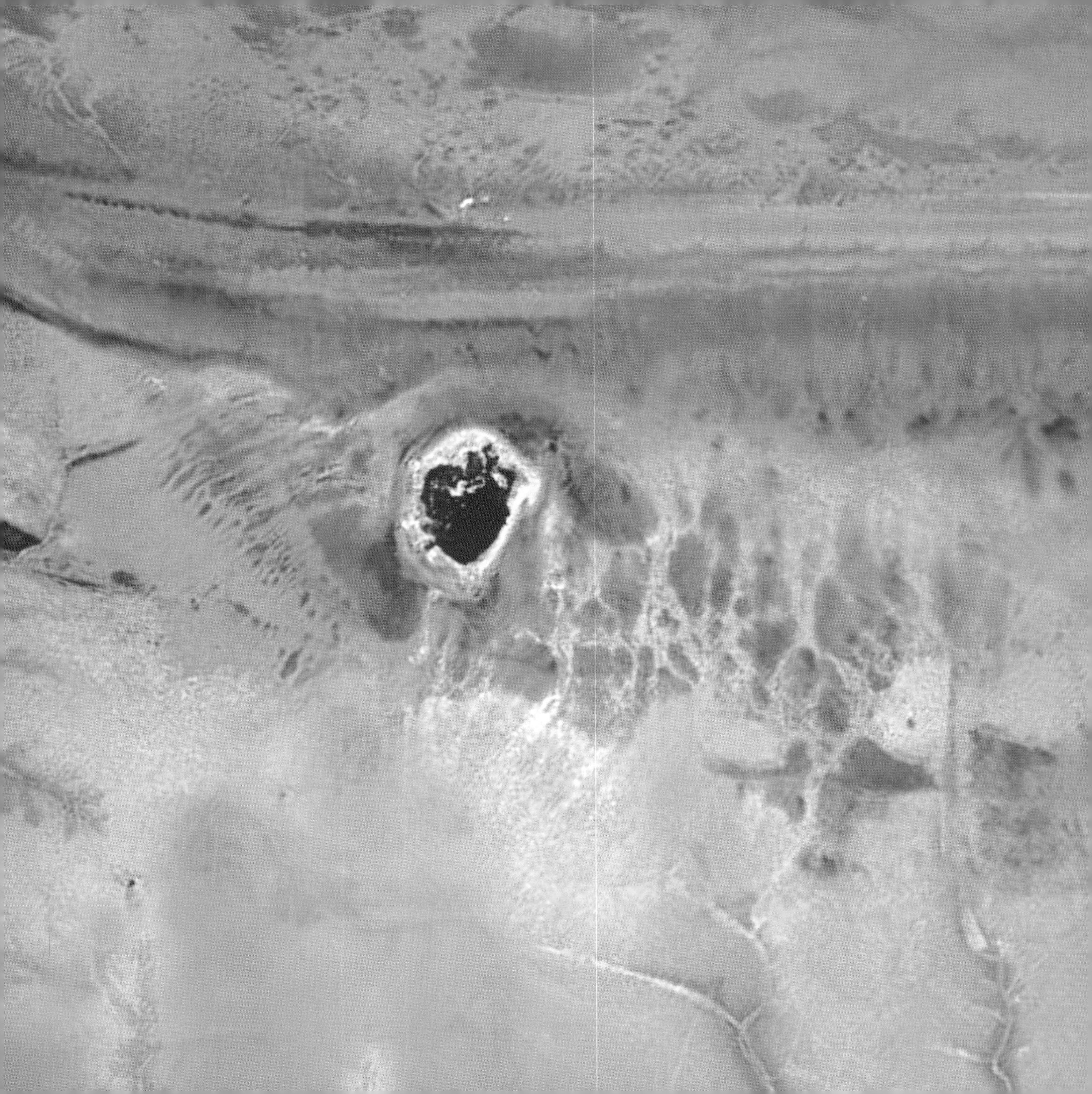

| 화랑 4 |

동물을 만나다

고래 지느러미 Whale's flipper

살짝 드러낸 고래 지느러미 모양의 갯벌에 새겨진 신비한 무늬는
우리에게 보내는 암호가 아닐까?

"나의 놀이터, 나의 미술관을 더 이상 건드리지 말아 줘!"

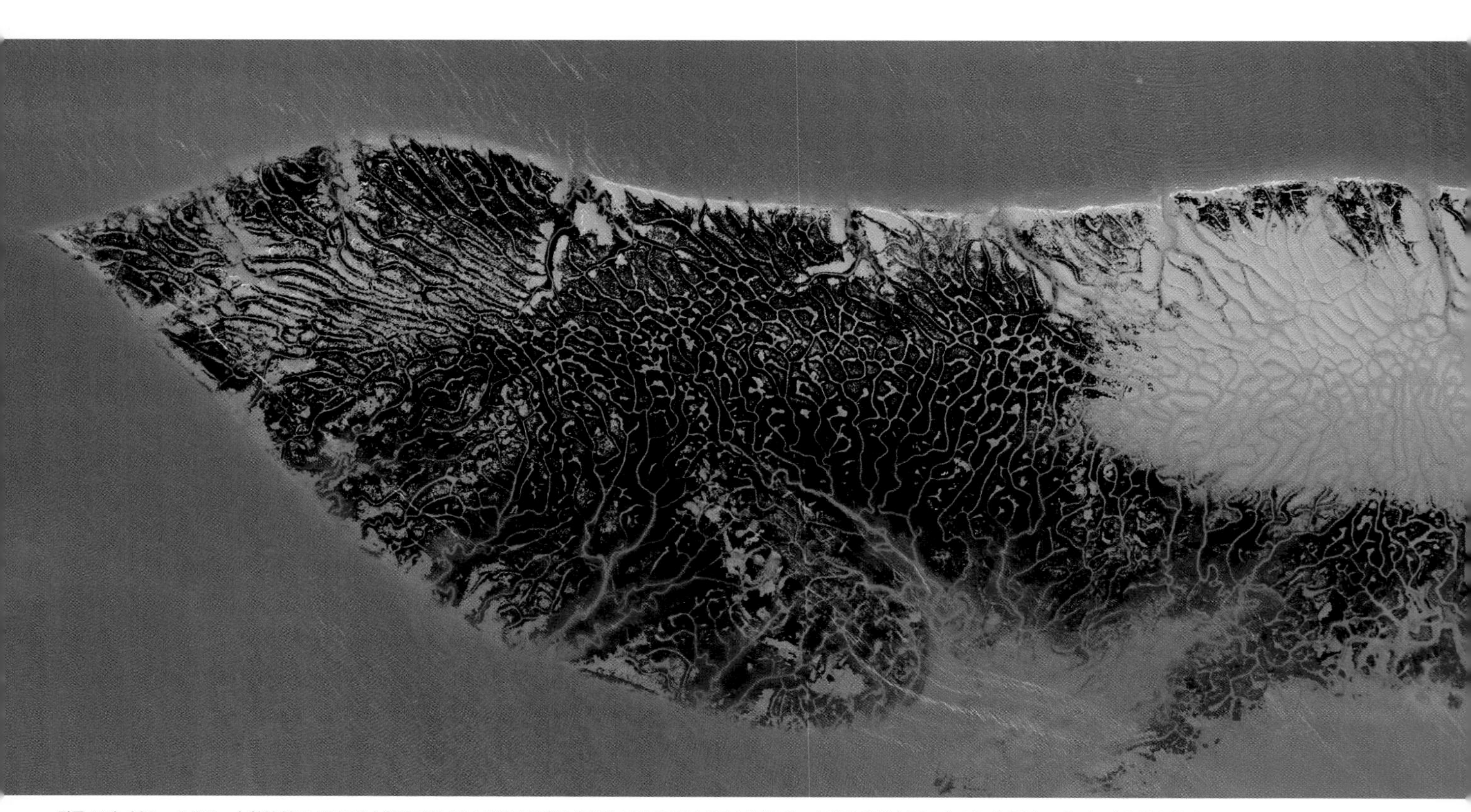

작품 크기: 667m×1,325m | 촬영 연도: 2012년 | 촬영 지역: 전남 무안군 망운면 송현리 조금나루해수욕장 남서쪽 1km | 촬영 위치: 북위 34°59′05″, 동경 126°19′37″ | 영상 회전: 345도

멸치들의 함성 Shout of the anchovy school

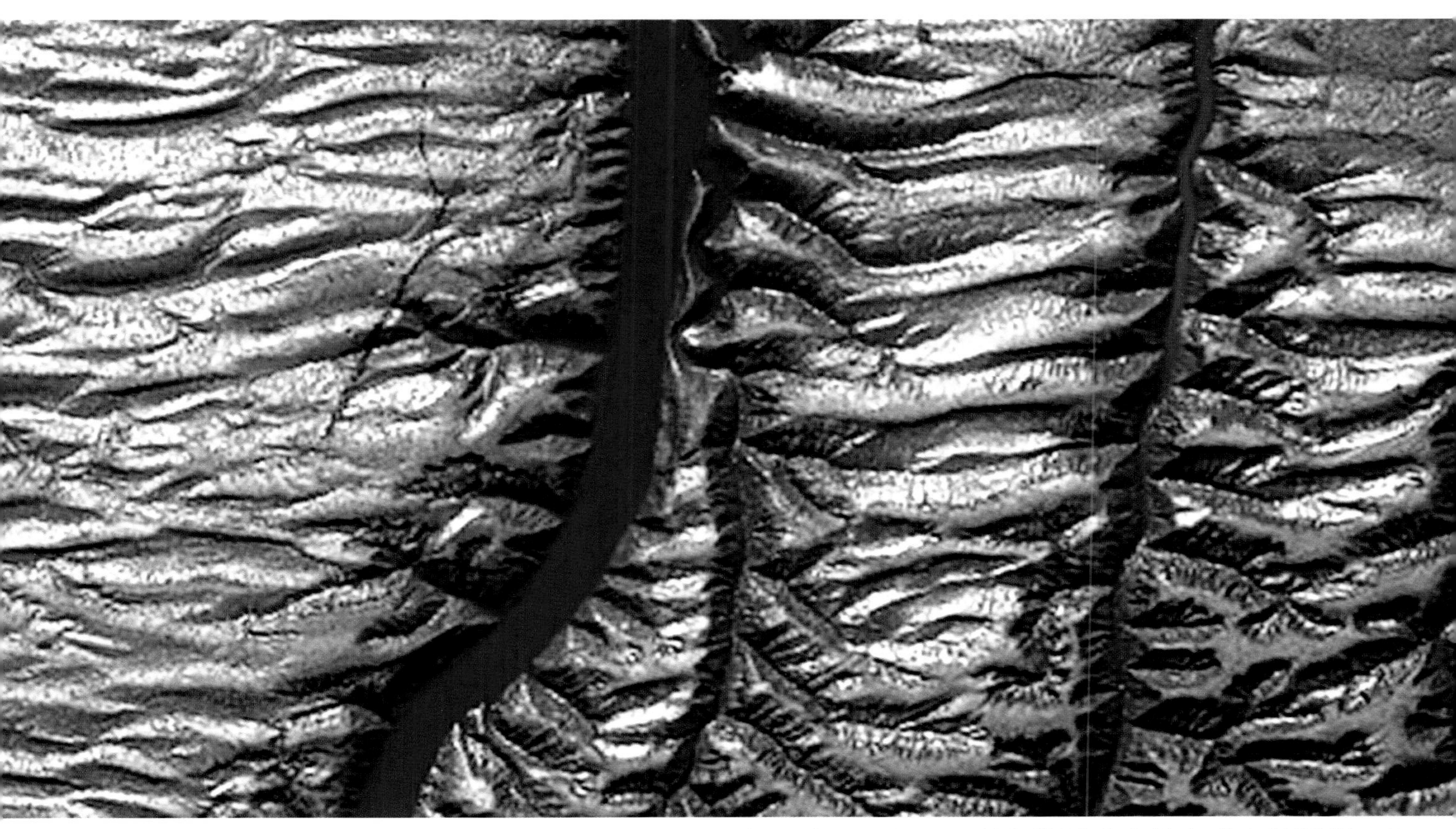

작품 크기: 109m×204m | 촬영 연도: 2011년 | 촬영 지역: 인천 서구 원창동 세어도 남서쪽 1.2km | 촬영 위치: 북위37°34′05″, 동경 126°32′46″ | 영상 회전: 190도

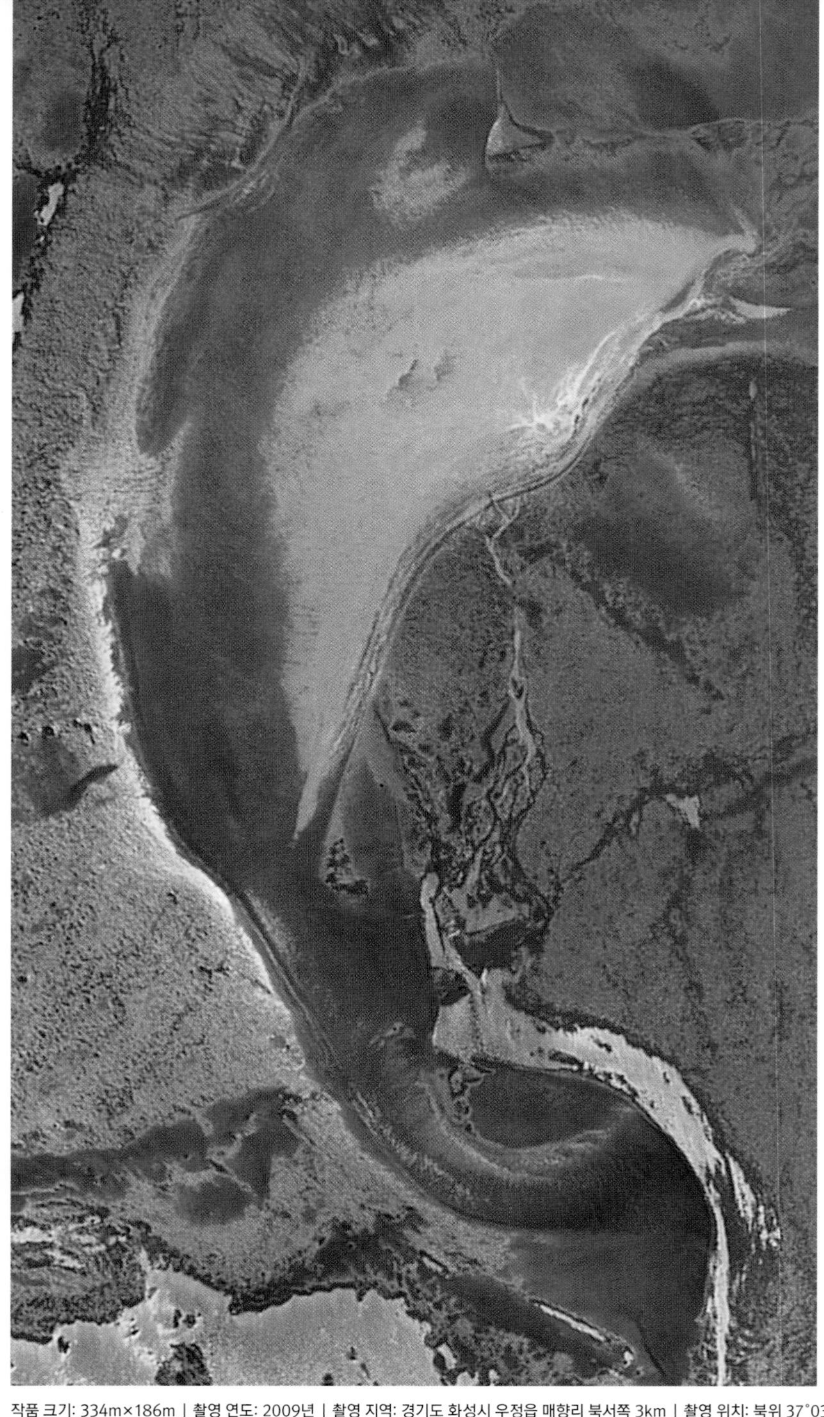

점프하는 돌고래 Jumping dolphin

펄 갯벌 위에 드러난
모래톱에서
힘차게 점프하는
돌고래를 만나다.

작품 크기: 334m×186m | 촬영 연도: 2009년 | 촬영 지역: 경기도 화성시 우정읍 매향리 북서쪽 3km | 촬영 위치: 북위 37°03′19″, 동경 126°42′58″ | 영상 회전: 40도

갯벌의 밀도와 온도 변화

갯벌은 퇴적 물질(sediment)로 구성되어 있으며, 일반적인 퇴적 토사의 밀도는 건조한 토사의 경우 2,500~2,600kg/m^3 정도이다. 그러나 갯벌에 있는 토사는 밀물과 썰물이 드나드는 시점에 따라 갯벌 토사가 머금고 있는 해수비율(water contents)이 다르기 때문에 밀도 차가 나타난다. 또한 해수와 토사는 비열 차가 있기 때문에 계절이나 밤낮에 따라 온도 변화가 나타난다.

갯벌 토사 속에서의 흐름은 입자가 작을수록 투수성능(permeability, 갯벌 토사에서의 흐름 속도)이 줄어들기 때문에 밀물과 썰물 시기와 침수-노출 시간에 따라 갯벌 토사 속에서의 흐름 속도가 크게 차이를 보인다. 갯벌의 온도 변화는 이론적으로는 간단하게 열에너지 수지(heat energy budget) 문제이지만, 생물에 의한 갯벌 지형의 교란, 갯벌에서의 해수 함수 비율로 결정되는 비열과 갯벌을 조성하는 입자의 크기, 열에너지의 갯벌 수직 방향으로의 전달-투과 정도 등에 매우 민감하기 때문에 실제로는 관측하기가 매우 어렵다.

깃털 A quill

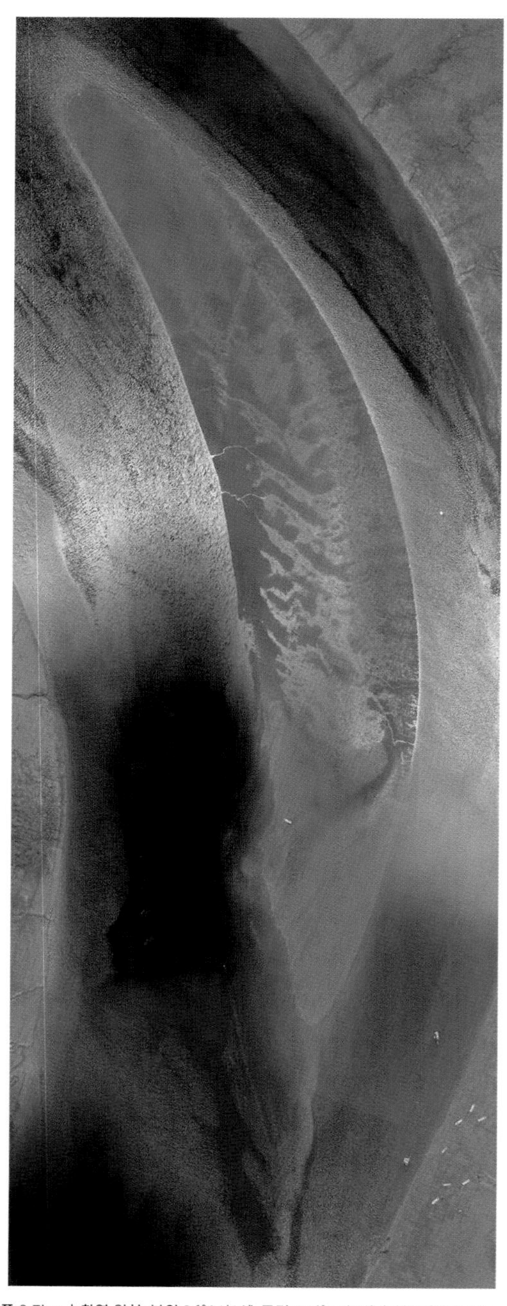

작품 크기: 1,474m×553m | 촬영 연도: 2009년 | 촬영 지역: 충남 서천군 장항읍 송림리 서천유스호스텔 해안 서쪽 0.7km | 촬영 위치: 북위 36°01′14″, 동경 126°39′26″ | 영상 회전: 22도

금강모치 Kumkang fat minnow(*Rhynchocypris kumgangensis*)

■ 우리나라 고유종 민물고기 금강모치의 모습이다. 군산 하구에 드러난 이 금강모치는 약 2킬로미터에 이른다. 길게 형성된 모래언덕에 50미터 정도 되는 작은 섬이 금강모치의 화룡점정이 되었다.

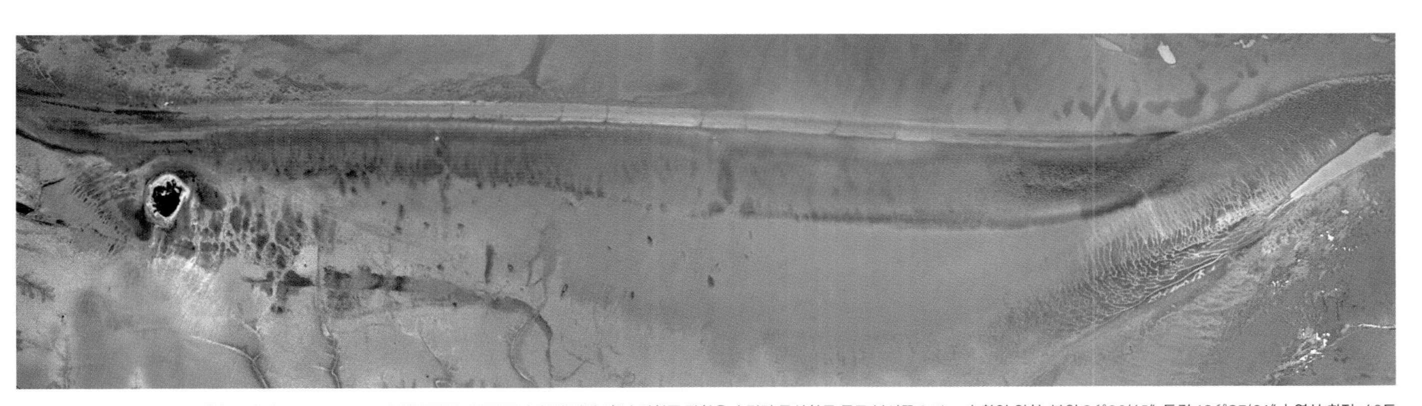

작품 크기: 489m× 1,877m | 촬영 연도: 2009년 | 촬영 지역: 충남 서천군 장항읍 송림리 군산하구 묵도 북서쪽 0.5km | 촬영 위치: 북위 36°00′45″, 동경 126°37′01″ | 영상 회전: 40도

코브라 A cobra

금강을 빠져나와

황해로 뻗어 나가려

활짝 머리를 펼친 코브라

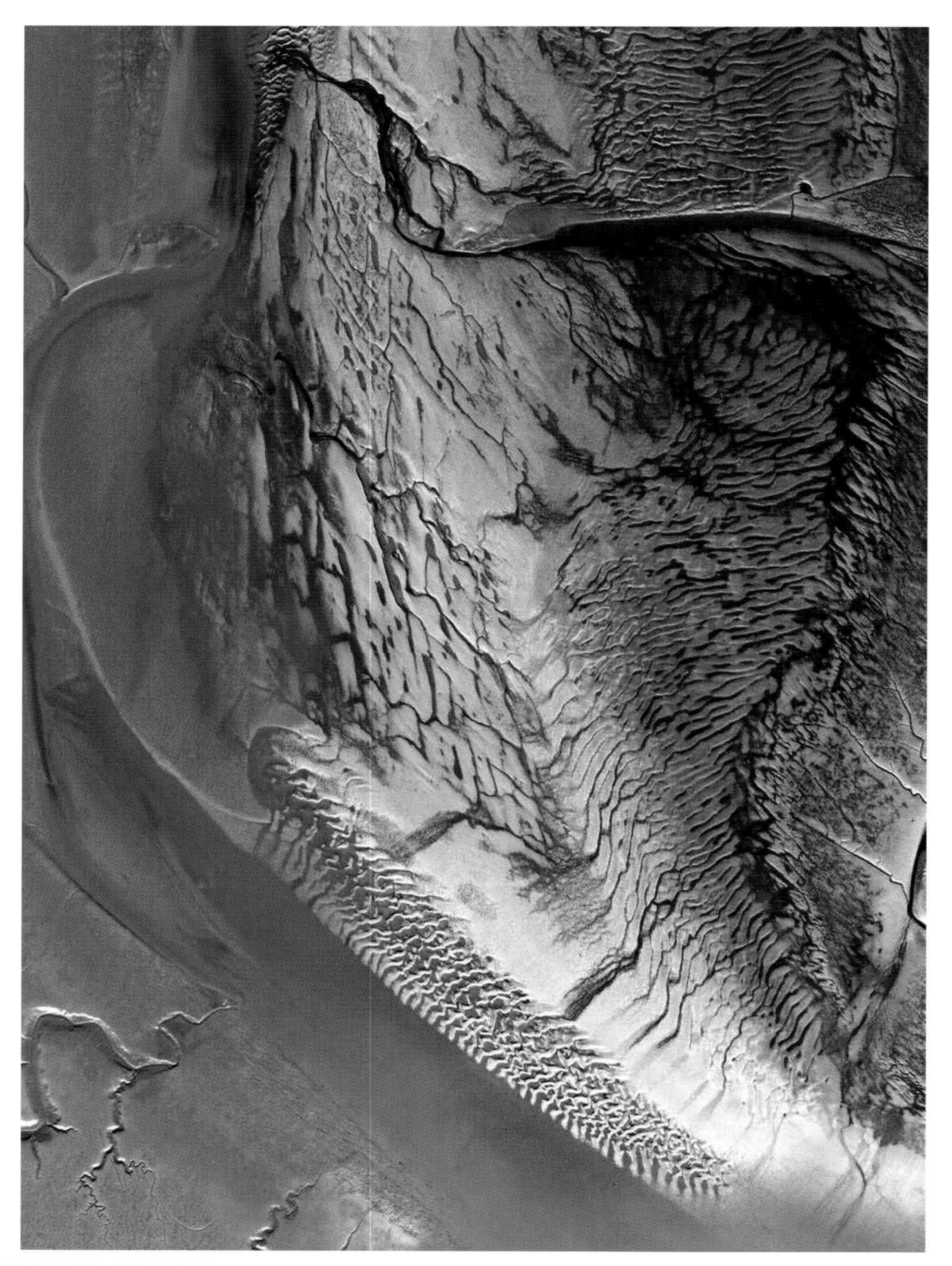

작품 크기: 663m×481m | 촬영 연도: 2008년 | 촬영 지역: 충남 서천군 장항읍 송림리 대죽도 동쪽 1km | 촬영 위치: 북위 36°00′21″, 동경 126°38′23″ | 영상 회전: 0도

개미 집 Ant house

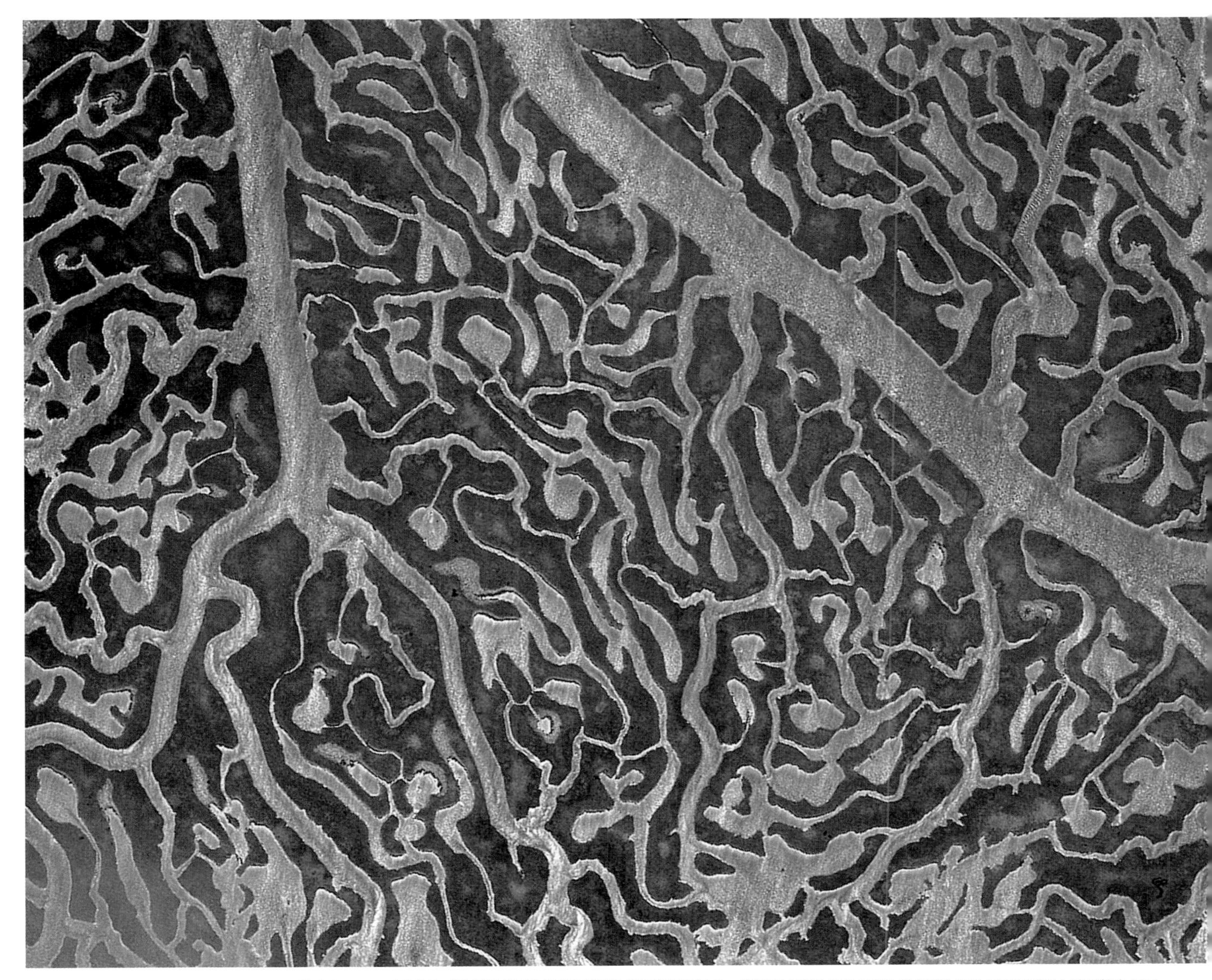

작품 크기: 381m×475m | 촬영 연도: 2011년 | 촬영 지역: 전남 신안군 하의면 후광리 장병도항 북동동 2km(장병도) | 촬영 위치: 북위 34°39′30″, 동경 126°04′23″ | 영상 회전: 40도

황소의 질주 Bull's gallop

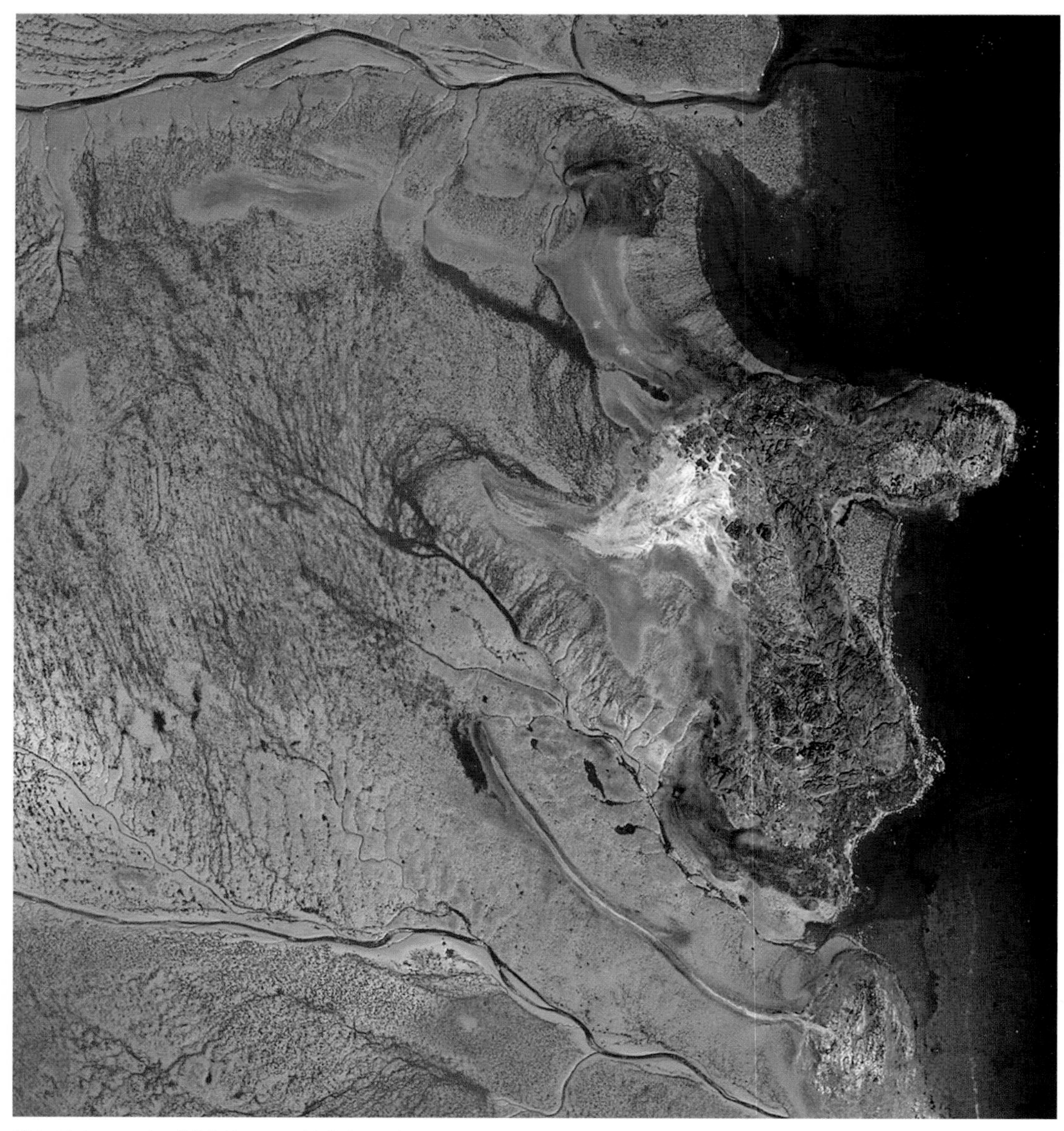

작품 크기: 497m×462m | 촬영 연도: 2012년 | 촬영 지역: 충남 태안군 안면읍 창기리 쇠섬나문재 휴양지 서쪽 2km(천수만 내) | 촬영 위치: 북위36°34′56″, 동경 126°23′48″ | 영상 회전: 350도

멧돼지 Wild boar

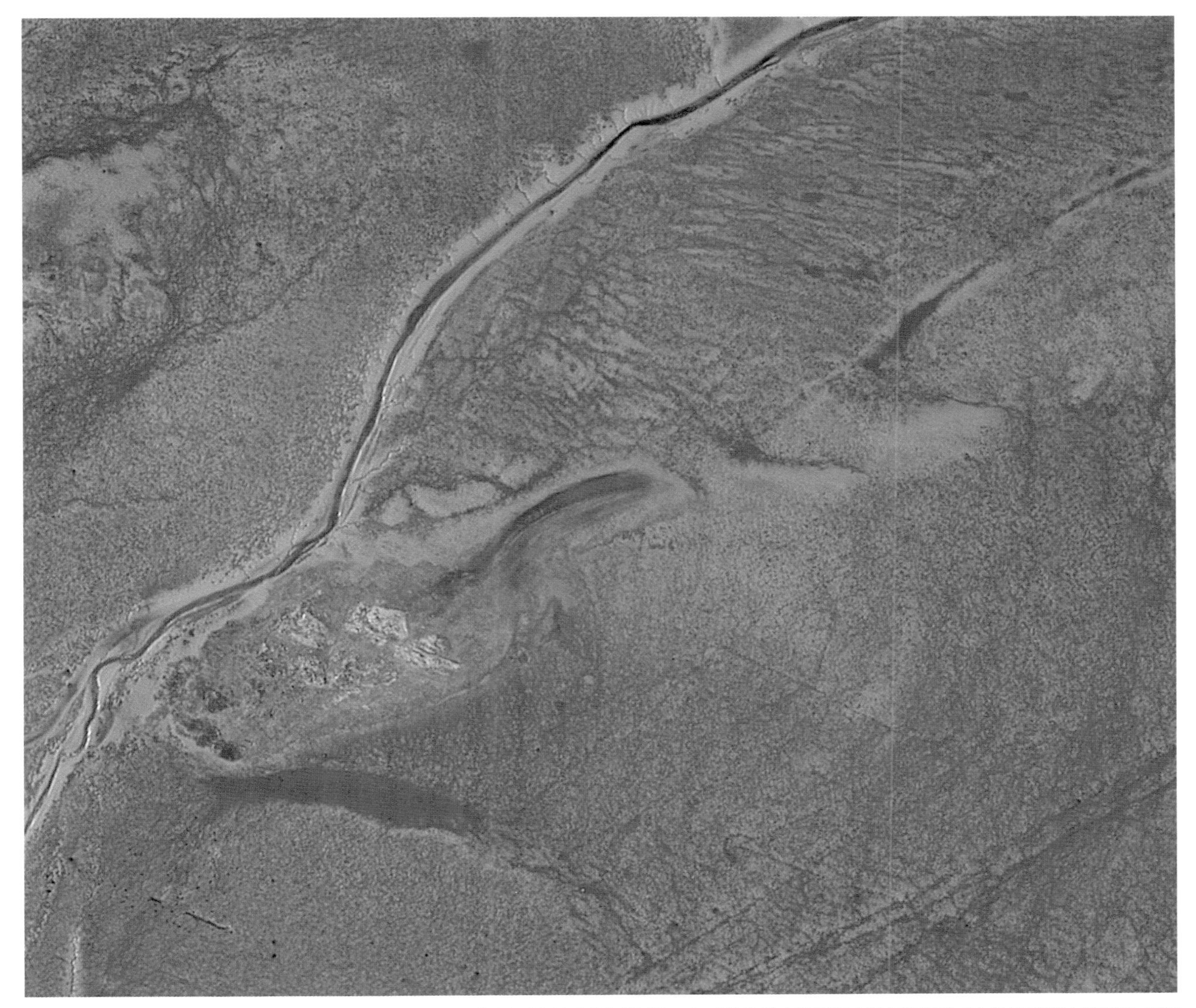

작품 크기: 338m×431m | 촬영 연도: 2012년 | 촬영 지역: 충남 태안군 안면읍 창기리 쇠섬나문재 휴양지 남서쪽 2.3km(천수만 내) | 촬영 위치: 북위 36°34′20″, 동경 126°23′45″ | 영상 회전: 110도

판타지 동물 Fantasy animal

펄 갯벌에 드러난 썰물의 흔적. 순간, 상상속의 외계인과 눈이 마주치다.

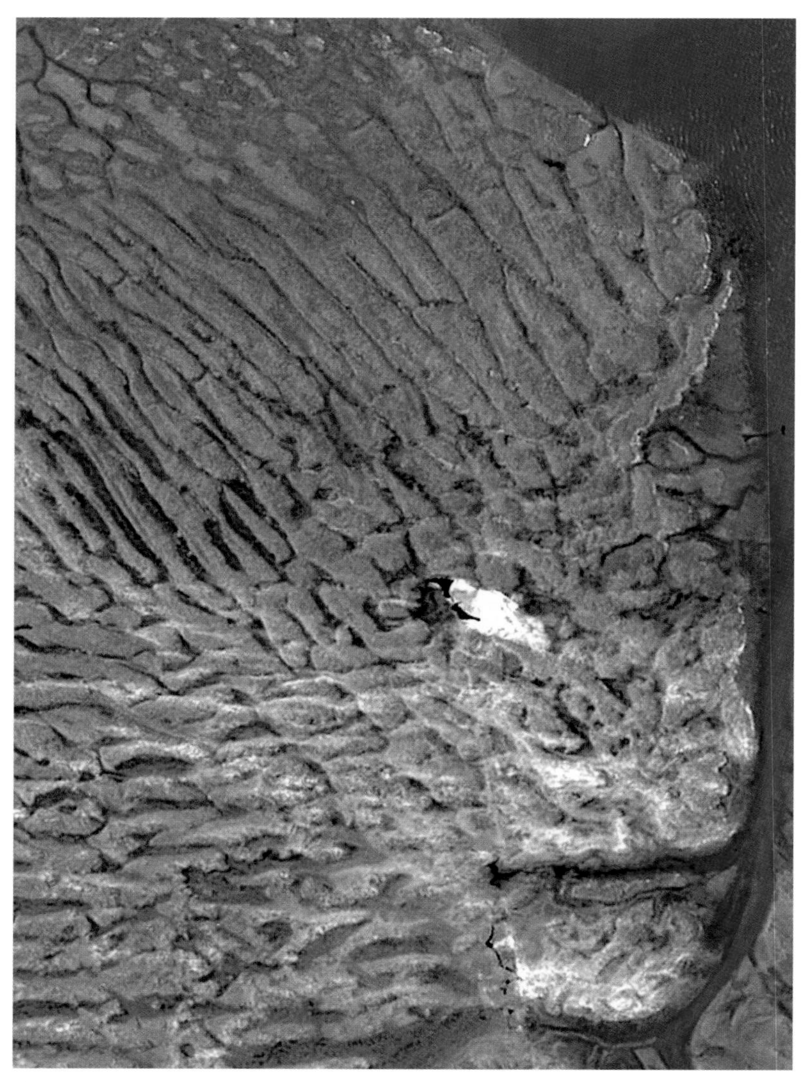

작품 크기: 272m×198m | 촬영 연도: 2012년 | 촬영 지역: 전남 신안군 증도면 대초리 서쪽 0.5km(화도) | 촬영 위치: 북위 34°57′13″, 동경 126°09′05″ | 영상 회전: 68도

갯벌의 지지력, 전단응력

갯벌에서 발이 빠지는 경험을 해본 사람이라면 갯벌이 늪처럼 지지력이 매우 작음을 알 수 있다. 모두 펄 갯벌에서 이런 경험을 하게 되는데, 펄 갯벌은 왜 지지력이 없을까? 갯벌의 지지력은 전단응력(shear strength, tangential, 접선응력)으로 이해해야 한다. 고체와 액체의 대표적인 차이로 알려진 수직응력(normal, 법선응력)과는 달리 전단응력은 어떤 형태를 유지하는 힘이라고 할 수 있다.

갯벌을 이루는 바닥은 흙이지만, 그 흙이 물처럼 물렁물렁한 경우 그 갯벌은 물처럼 어떤 물체를 지지하는 힘이 없어지고 이에 따라 옆으로 밀려난다.

고구려 강서대묘 청룡벽화 Blue dragon mural of Goguryeo

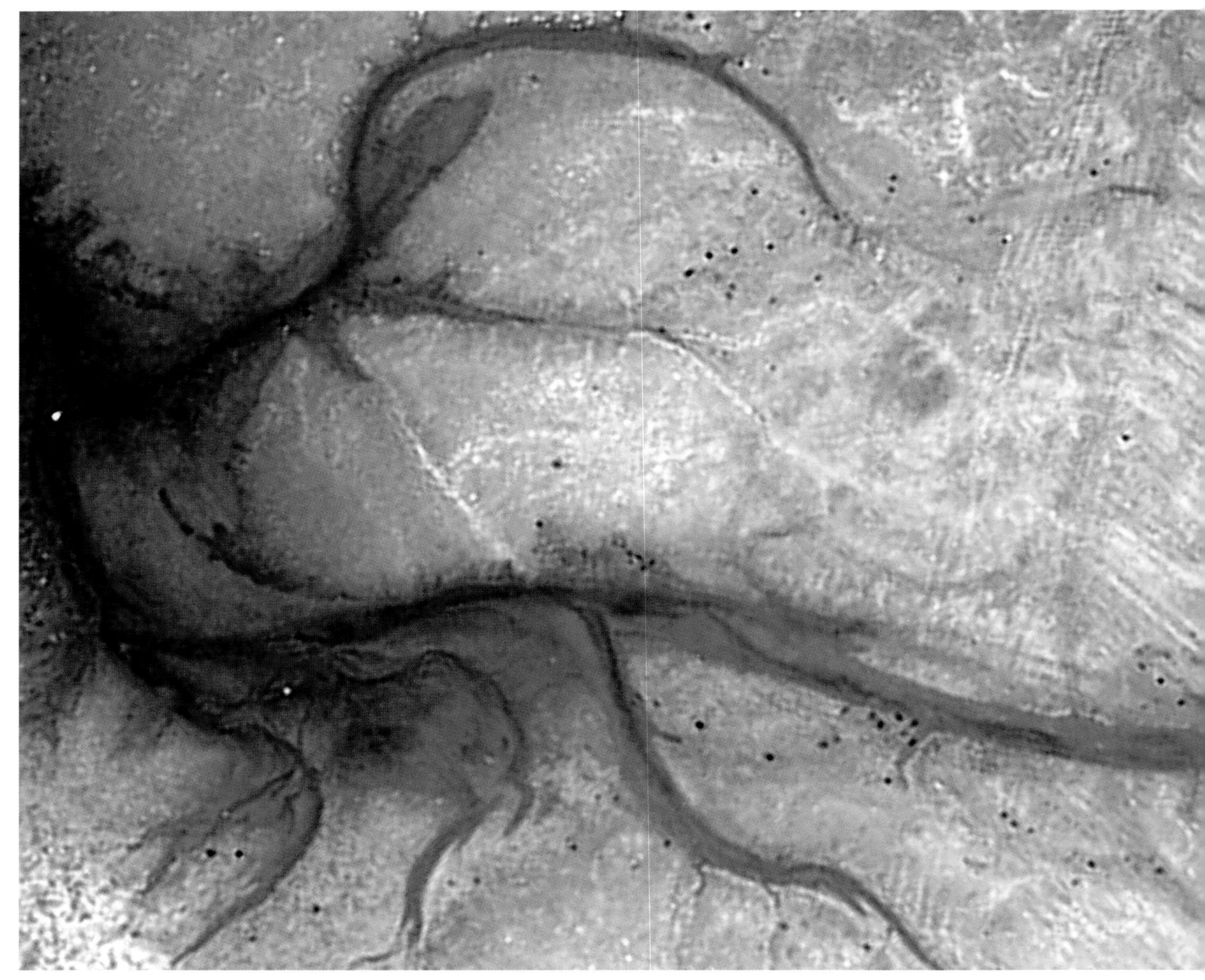

작품 크기: 114m×183m | 촬영 연도: 2009년 | 촬영 지역: 전북 부안군 계화면 의복리 서쪽 2.9km(새만금 내) | 촬영 위치: 북위35°45′02″, 동경 126°35′46″ | 영상 회전: 318도

■ 강서대묘는 평안남도 강서군에 있는 고구려의 강서 삼묘 중 가장 큰 벽화 고분이며,
벽화의 주제는 사신으로 불리는 청룡, 백호, 주작, 현무이다.
이 중 새만금 갯벌에 그려진 그림은 동쪽을 수호하는 신, 청룡이다.

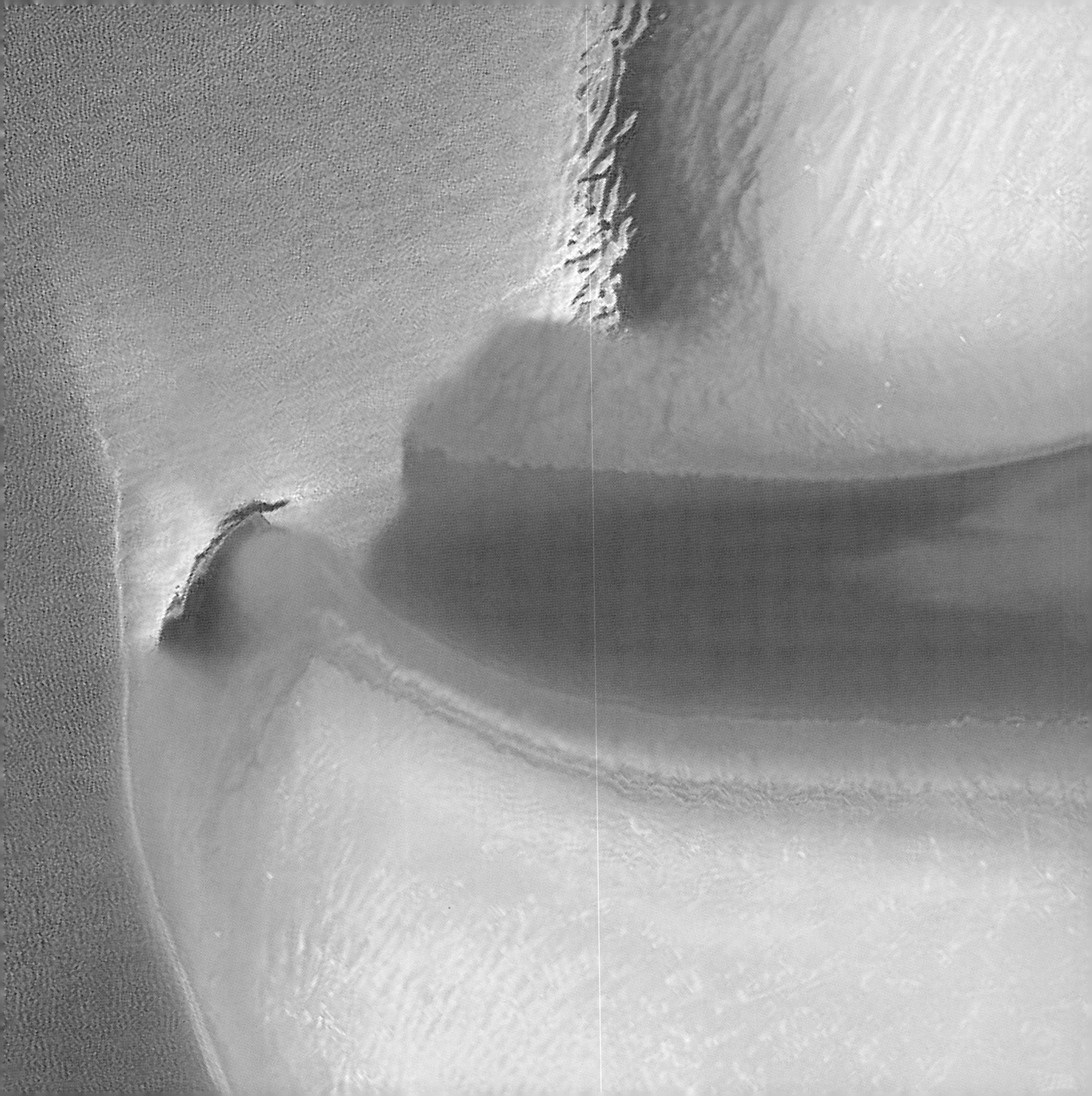

| 화랑 5 |

인간을 비추다

눈물 Tears

코가 붓고 눈이 찢어지도록 치열했던 복서의 눈물,
승리의 눈물일까?
패배의 눈물일까?

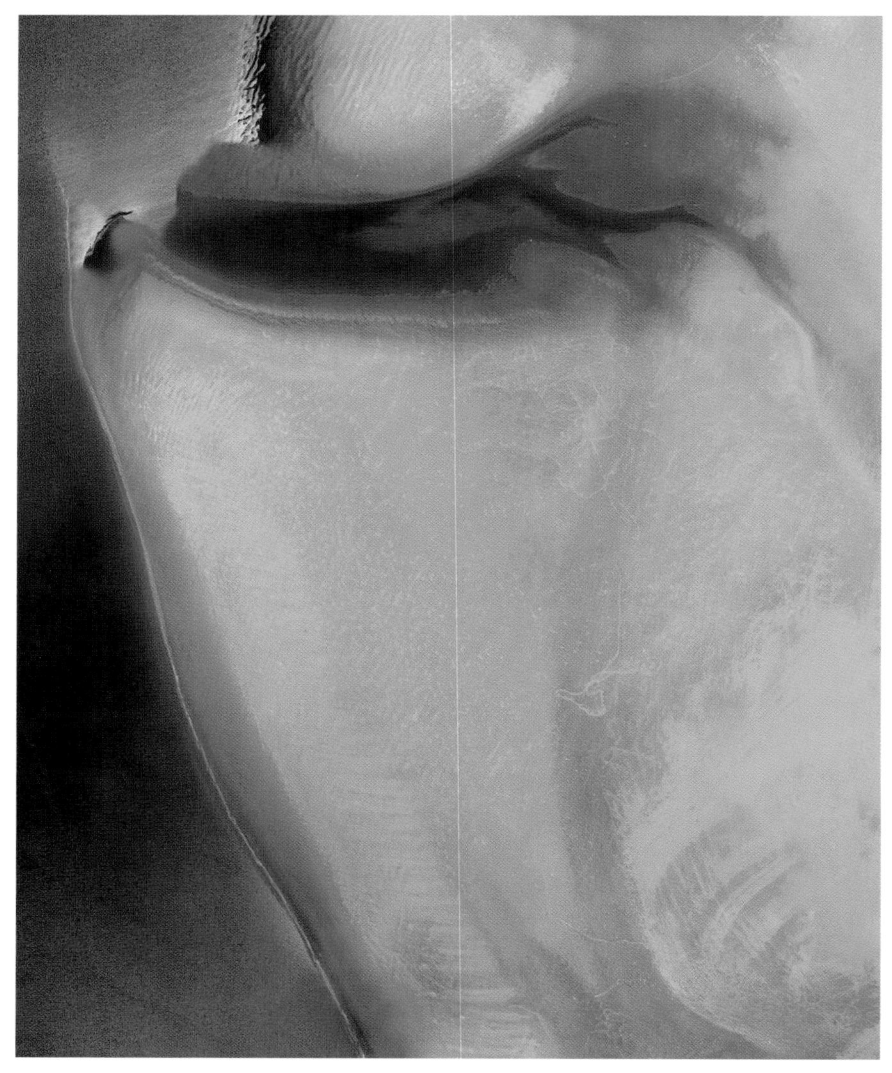

작품 크기: 2,672m×2,174m | 촬영 연도: 2012년 | 촬영 지역: 전북 부안군 변산면 가력도항 북서쪽 3km(새만금 내) | 촬영 위치: 북위 35°44′24″, 동경 126°33′36″ | 영상 회전: 318도

도깨비 탈춤 Dance of the Goblin's mask

사자 몸에 도깨비 탈을 쓴 신명난 놀이
날개 달린 도깨비
머리 셋 도깨비가 함께 어울리는
우리들의 도깨비 탈춤

작품 크기: 189m×218m | 촬영 연도: 2008년 | 촬영 지역: 충남 서천군 마서면 죽산리 서쪽 0.9km | 촬영 위치: 북위36°03′17″, 동경 126°37′24″ | 영상 회전: 355도

발레리나 Ballerina

화려함 뒤에 숨겨진 발레리나의 힘겨운 고통

■ 동만도 섬과 주변 모래톱이 발레리나의 신발과 거친 다리로 비친다.

작품 크기: 2,592m×792m | 촬영 연도: 2010년 | 촬영 지역: 인천 옹진군 북도면 장봉리 장봉도 서쪽 3.5km(동만도) | 촬영 위치: 북위 37°33′02″, 동경 126°16′11″ | 영상 회전: 22도

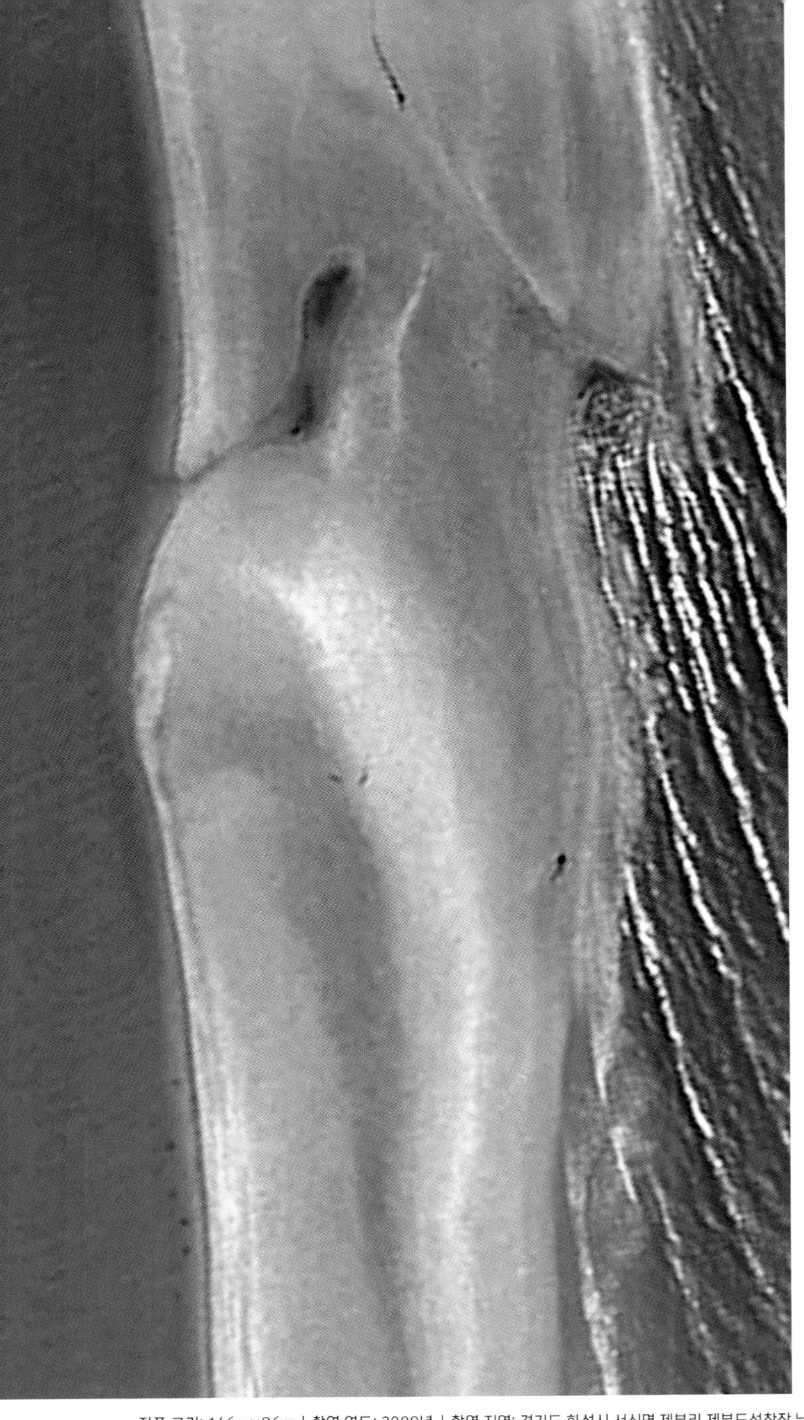

샤워하는 여인 A woman taking a shower

썰물에 절묘하게 드러난 모래톱,
불어오는 바람에 일렁이는 물결이
빚어낸 샤워하는 여인의 모습

작품 크기: 146m×86m | 촬영 연도: 2009년 | 촬영 지역: 경기도 화성시 서신면 제부리 제부도선착장 남남서쪽 0.8km(제부도 서쪽) | 촬영 위치: 북위 37°10′34″, 동경 126°36′50″ | 영상 회전: 235도

바람의 여신 Goddess of wind

바다로 길게 뻗은 모래언덕이 마치 사막과 같아
바람도 그 아래로 피해 간다는
태안 안면도 남쪽 끝자락의 '바람 아래 해수욕장'
유래만큼이나 고운 모래 펄에 만들어진 야외 온천탕에서
잠시 두 발 뻗고 쉬고 있는 여인의 모습이 포착되었다.
바람의 여신!

작품 크기: 240m×381m | 촬영 연도: 2012년 | 촬영 지역: 충남 태안군 고남면 장곡리 바람아래 해수욕장(안면도) | 촬영 위치: 북위 36°24′37″, 동경 126°22′41″ | 영상 회전: 340도

조석과 파도가 만드는 갯벌의 무늬, 사련

갯벌 하면 펄 갯벌을 일반적으로 떠올리고, 갯벌을 대표하는 사진도 대부분이 펄 갯벌이 차지한다. 갯벌 공원으로 유명한 시흥 갯골생태공원이나 순천만 갯벌이 대표적인 펄 갯벌이다. 이러한 일반적인 인식과는 달리 갯벌은 조수의 영향을 받는 공간으로, 주기적으로 침수-노출이 반복되는 공간, 조간대(inter-tidal zone)로 정의하기 때문에 우리가 보통 갯벌로 인식하지는 않지만 모래사장과 같은 모래 갯벌도 펄 갯벌에 대응하는 또 하나의 갯벌이다.

펄 갯벌과 달리 모래 갯벌의 형태는 파도의 영향으로 그 형태가 결정되는 경우가 많다. 대표적인 경우가 사련(sand ripples)이라는 모래 갯벌의 작은 둔덕이다. 이 둔덕의 높이와 간격은 바로 파고와 주기(파장)의 영향을 받아서 결정된다.

갯벌에서의 힘겨루기, 표사

갯벌의 지형 변화, 즉 표사(sediment)를 일으키는 대표적인 힘은 조류(tidal currents)와 파도(wind waves)이다. 파도가 밀물 · 썰물과는 달리 불규칙적으로 영향을 미친다 할지라도 장기간의 관점에서 보면 자연적으로 안정적인 균형〔balance, 유사한 뜻으로 평형(equilibrium)이라고도 한다〕을 이룬 상태라고 볼 수 있다. 일시적으로 평형이 깨졌다가 다시 복구되는 회복력을 지녔다는 뜻이다.

그러나 이러한 자연적인 균형은 인위적인 해안 개발, 갯벌 매립, 준설 등의 영향으로 무너질 수 있다. 새로운 균형을 이루기까지 시간이 어느 정도 걸릴지 판단하기 어렵고, 과연 새로운 균형을 이룰지도 판단하기가 쉽지 않다. 새로운 균형을 이루려는 변화가 한 방향일 경우에는 침식이나 퇴적이 지속적으로 진행되어 이동할 수 있는 퇴적 물질이 모두 사라지거나 퇴적 물질이 이동하지 못할 만큼 흐름이 약해질 때 평형을 이룰 수 있다.

조금 민감한 경우에는 퇴적 물질의 입자 크기 변화 등도 예상할 수 있다. 흐름이 강해지면 굵은 토사가 흘러들 수 있고, 흐름이 약해지면 가는 토사가 흘러들어 질척한 갯벌이 형성되기도 한다. 어떤 형태로 변화하든 이러한 퇴적 물질의 변화에 따라 갯벌 생물의 기초를 이루는 저서생물의 서식 환경도 바뀌기 때문에 지형과 생물 분포 모두가 변화한다.

갯골을 차단하는 개발은 갯골의 형태를 바꿀 뿐만 아니라 흐름 환경이 크게 바뀌기 때문에 되도록 갯벌의 흐름을 주도하는 갯골을 보존하는 방법으로 개발해야 한다. 한번 부서진 갯벌 작품은 복원하기 힘들다!

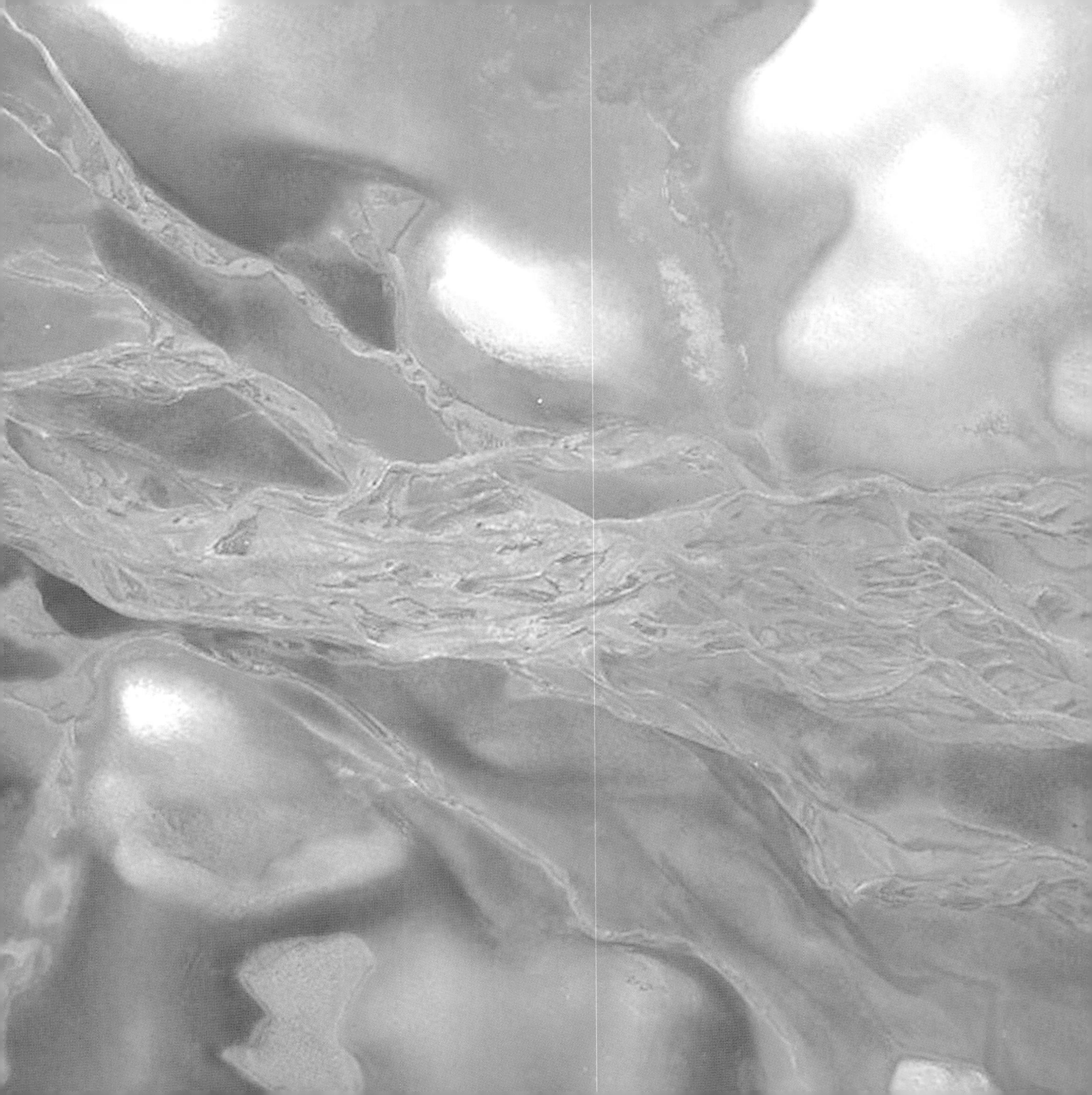

닫는 글

드넓은 바다에서 가장 먼저 쉽게 만날 수 있는 갯벌은 우리에게 다양한 혜택을 제공한다. 이러한 갯벌의 혜택으로는 어업 활동 등과 관련한 경제적 가치, 환경 정화 능력을 갖춘 환경적 가치, 관광 자원의 가치, 홍수·태풍·해일 등의 완충 능력을 지닌 재해 예방의 가치 등이 있다. 이처럼 갯벌의 실용적 가치뿐 아니라 예술을 통한 갯벌의 상징적 가치도 곁들일 수 있을 것 같다. 바로 이 부분을 공유하고자 이 책을 출간하게 되었다. 즉, 하늘에서 바다를 바라본 거시의 세계를 예술 작품으로 끌어들이고 그 속에 담긴 과학을 찾아내면서 한 권의 화집으로 탄생한 것이다.

과학이 질문에 대한 답을 찾는 것이라면, 예술은 문제를 찾아내는 것이기도 하다. 갯벌 그림을 예술이라는 직감으로 감상하다 보면 자연스레 "왜, 어떻게 이런 작품이 나왔을까?"라는 질문이 뒤따른다. 즉, 예술로 갯벌을 접하고, 과학으로 의문점을 해결하는 단계를 거치게 된다. 이렇게 갯벌을 통해 자연을 예술로 바라보고 호기심을 이끌어낸다는 점은 과학의 출발점에서 중요한 과정이라고 생각한다.

갯벌에 펼쳐지는 다양하고 신비로운 형태와 색상은 갯벌에서의 '물 흐름'과 '그곳에 살고 있는 생물'이 오랜 기간에 걸쳐 만들어 낸 자연적이고 과학적인 원리로 설명된다. 갯벌에서 볼 수 있는 이 작품들을 아름다움의 미학과 더불어 빛과 흐름에 대한 과학의 관점에서 같이 보면 어떨까.

이 화집에 실린 갯벌 작품들은 인터넷 지도 서비스(카카오맵 등)에서 모두에게 열려 있고 일상에서 쉽게 접할 수 있는 빅데이터이다. 갯벌 영상과 같이 다양한 형태의 대용량 데이터에서 어떤 가치를 찾아내려면 창의적인 사고가 뒤따라야 한다. 그 첫 단계인 호기심과 상상력으로 바다의 무한한 상징적 가치를 찾아내는 영역도 발전시킬 필요가 있지 않을까.